锻标成金
标准数字化知识图谱发展之路

张明英　主编

蔡　毅　周育忠　王红钢　杨洪杰　周庭梁　王立玺　副主编

清华大学出版社

北京

内 容 简 介

标准规范知识图谱是标准数字化转型的重要技术手段，在数字经济、企业数字化进程中将发挥重要作用。本书是一部从理论方法到实际应用，成体系论述标准规范知识图谱理论的著作。从标准规范知识图谱的定义出发，详细阐述标准规范知识图谱的内涵及外延。结合标准的特点，描述了标准规范知识图谱构建的架构、原则、技术、工具、维护、评估等内容。从标准制修订、实施、应用等方面，详细阐述了标准规范知识图谱的应用场景及实施案例，为"产业链、标准链、技术链"三链融合提供参考实施方案，为找准产业基础再造基准提供支撑保障，为标准升级行动提供数字化支持。

本书可供标准数字化学习研究者，标准的从业者包括编制人员、管理人员、审查人员、实施人员、测评人员等，各行业标准的使用者包括各类标准网站、标准制定工具的研发运维人员等标准服务提供者及标准的监督管理机构阅读参考。

图书在版编目（CIP）数据

锻标成金：标准数字化知识图谱发展之路/张明英主编. —北京：清华大学出版社，2023.5
ISBN 978-7-302-63645-8

Ⅰ. ①锻… Ⅱ. ①张… Ⅲ. ①智能技术－应用－知识管理－研究 Ⅳ. ①G302-39

中国国家版本馆 CIP 数据核字（2023）第 096098 号

责任编辑：孙亚楠
封面设计：常雪影
责任校对：欧 洋
责任印制：曹婉颖

出版发行：清华大学出版社
　　　　网　　　址：http://www.tup.com.cn，http://www.wqbook.com
　　　　地　　　址：北京清华大学学研大厦 A 座　　　邮　　编：100084
　　　　社 总 机：010-83470000　　　　　　　　邮　　购：010-62786544
　　　　投稿与读者服务：010-62776969，c-service@tup.tsinghua.edu.cn
　　　　质量反馈：010-62772015，zhiliang@tup.tsinghua.edu.cn
印 装 者：三河市人民印务有限公司
经　　销：全国新华书店
开　　本：170mm×240mm　　印张：13　　插页：2　　字　　数：262 千字
版　　次：2023 年 7 月第 1 版　　　　　　　印　　次：2023 年 7 月第 1 次印刷
定　　价：79.00 元

产品编号：097516-01

编审委员会

参编单位：中国电子技术标准化研究院、南方电网科学研究院有限责任公司、清华大学、华南理工大学、卡斯柯信号有限公司、中国汽车工程研究院股份有限公司、中国船舶集团有限公司综合技术经济研究院、广州赛西标准检测研究院有限公司、深圳赛西信息技术有限公司、华润数字科技有限公司、之江实验室、中国社会科学院工业经济研究所、山东省标准化研究院、中国石油勘探开发研究院、中国航空综合技术研究所、阿里云计算有限公司、北京智谱华章科技有限公司、中国医学科学院生物医学工程研究所、东南大学、浙江大学、华东师范大学、中国科学院计算机网络信息中心、中国科学院自动化研究所、特斯联科技集团有限公司、淘宝（中国）软件有限公司、北京智通云联科技有限公司、华为云计算技术有限公司、山东新一代标准化研究院有限公司、南京大学、北京大学、南京理工大学、北京国家会计学院、浙商银行股份有限公司、浙江省电力有限公司、杭州中奥科技有限公司、深圳市汉森软件有限公司、杭州海康威视数字技术股份有限公司、杭州趣链科技有限公司、中科芯集成电路有限公司、山东省计算中心、上海智能制造功能平台有限公司、苏州市质量和标准化院、南京柯基数据科技有限公司、南京云问网络技术有限公司、御数坊（北京）科技有限公司、亚信科技控股有限公司、上海合合信息科技股份有限公司、网易（杭州）网络有限公司、北京文因互联科技有限公司、杭州华澜微电子股份有限公司、用友网络科技股份有限公司、北京国双科技有限公司标准是先进知识、优秀经验的科学结合体,是经济活动和社会发展的重要支撑,也是人类文明进步的成果。当今国力之争主要是市场之争,而市场之争是企业之争、技术之争,而技术之争,归根到底是标准之争。为适应新一轮科技革命和产业变革、国家综合竞争力提升及经济社会高质量发展等多重紧迫需求,标准数字化应运而生,主要包括数字基础设施建设、数字化标准和标准智能化三方面内涵。在标准数字化全面推动下,海量增长且相互密切关联的标准大数据蓬勃发展,要求标准实施和传统应用模式做出相应调整与革新,以期加快标准在经济社会全域的智能、精准和高效运用,增强标准化治理效能,推动中国标准高质量发展,打造国际竞争新优势。

当前"标准即服务"的理念已是大势所趋。在标准化战略实施过程中,世界大国及国际标准化组织均在探索不同的标准数字化路径,积极探究构建基于标准知识信息高效整合、指标匹配关联深度挖掘的标准数字化知识平台。通过将标准数字化与人工智能技术相结合,提供基于标准信息分析、组合与重构的标准条款高度体系化与工具智能化服务,以此将标准智能、便捷和高效优势转化为生产功效及服务效能。未来,标准自学习和自适应智能化技术将成为标准数字化发展趋势,中国要抢抓标准数字化先机,推动实现标准引领产业、经济和社会高质量发展。

为持续提升标准服务效能,中国电子技术标准化研究院于 2020 年发起成立标准规范知识图谱联盟,2022 年发起成立全国信息技术标准化技术委员会标准数字化转型研究组,汇聚国内产、学、研、用各方力量,以创新标准知识智能服务为目标,从背景需求、内涵定义、技术实现、产业应用、发展展望五个方面对标准数字化知识图谱展开阐述论证,持续跟踪先进制造、船舶、石油、电力、汽车、医疗、金融等示范性领域中标准数字化知识图谱应用成效,着力推动标准数字化知识图谱从概念到落地,从理论共识到产业实践。通过系列调研和理论分析研究工作,将标准数字化变革中各方需求梳理并描绘成可实施、可落地、可推广的路线图,打通标准数字化知识图谱的"任督二脉"。这一系统性研究成果最终形成了《锻标成金——标准数字化知识图谱发展之路》一书,旨在为标准化各方厘清标准数字化内涵外延、标准知识图谱相关概念定义、攻关核心技术、推广应用示范,为各行各业构建标准知识化数字化提供决策支撑和应用参考。

全书从标准数字化与产业协同发展的需求出发,按标准数字化知识图谱"为什么""是什么""用什么""怎么用""怎么走"五步曲,归纳为1135N,即"一定义""一体系""三场景""五功能""N领域",明确标准数字化知识图谱技术体系、应用价值、建设实践与发展前景。

一定义。标准数字化知识图谱是一种用图结构来描述标准文件中概念、实体及其关系的结构化语义知识库。标准知识图谱基于机器可读标准,又为机器可解释、可执行标准提供重要技术支撑,是标准数字化核心工具链中的关键环节。在知识图谱逻辑中,概念和实体既是标准本身,也是组成其内部的各关键要素,如范围、定义、条款、指标、图表、公式等。围绕概念和实体间的属性及其关联,标准知识图谱可将纷繁复杂的标准约束进行有组织和规范化的重塑关联,为自组织、自解释、自学习的标准服务能力奠定基础。

一体系。标准数字化知识图谱技术体系突出"标准本色",以知识图谱、机器学习等人工智能技术为基础、标准为对象和场景,围绕构建原则、技术、工具、维护和质量五大维度,及建模、自然语言处理、多模态分析、知识抽取、知识存储、知识补全、知识推理七方面进行阐述,提出标准数字化知识图谱的技术体系框架图,为行业实践提供技术参考指南。

三场景。本书围绕标准知识分析、标准知识挖掘评估、标准知识重构三大功能场景,从标准热点、趋势分析、产品准入、软件测评、数据质量评估及短标准构建等典型角度切入,为标准化各方描绘标准数字化场景价值与应用逻辑。

五功能。本书从标准数字化知识图谱可视化、智能搜索、智能问答、智能推荐和智能推理五大功能点切入,分别从功能需求和应用场景两个角度进行梳理,着重论述标准数字化知识图谱不仅是标准数字化知识库和技术基础,更是产业链、技术链与标准链三链融合当中重要的数据要素资产。

N领域。典型行业的实践经验是标准数字化知识图谱推广应用先行先试的重要抓手。本书重点凝练电力、电子、城轨、航空、船舶、石油、汽车、建筑、食品、金融、财税、医疗等多领域标准数字化知识图谱建设实践经验,为标准数字化在各行业应用的共性脉络和特性探索提供了参考模式。

在本书编制过程中,起草组邀请标准科研、优秀企业、高校院所等多方力量组成撰写团队完成书稿,组织权威专家反复研讨打磨,使本书体现本领域最新理论研究进展和行业实践共识。"锻标成金"画龙点睛,揭示标准数字化知识链高价值。下一步,期待中国电子技术标准化研究院、全国信息技术标准化技术委员会标准数字化转型研究组、标准规范知识图谱联盟在工业和信息化部、国家标准化管理委员会的指导下,持续深耕标准数字化知识图谱应用实践,梳理共性关键技术,加强标准数字化支撑全行业数字化转型升级建设,为切实贯彻《国家标准化发展纲要》贡献力量。

国际标准化组织(ISO)原主席

世界钢铁协会(Worldsteel)原主席

2022 年中国标准创新贡献奖终身成就奖获得者

中国标准化专家委员会专家

教授级高级工程师

2022 年 8 月 8 日

　　标准促进知识传播，助力国家经济、产业和企业发展。当今世界，信息技术革命日新月异，云计算、大数据、深度学习、知识图谱等技术创新势头迅猛。国家大力支持数字经济，推动了标准数字化的发展。标准数字化是数字中国建设的基础，是实现国家质量基础设施数字化转型的关键内容，其发展水平关乎我国数字经济发展的质量水平建设效果。标准数字化在支持国家建成现代产业体系、促进经济数字化转型和实现经济高质量发展等方面具有重要意义。

　　知识图谱是支撑标准数字化的重要方法。标准知识图谱主要涉及标准知识建模、知识抽取、多模态处理、知识存储、知识补全、知识推理等核心构建技术。标准知识图谱构建流程宜采用自上而下的建模方式，利用机器学习算法和规则引擎对标准数据进行知识抽取，通过对抽取数据进行实体链接、知识融合、知识推理和质量评估，形成持续迭代更新的动态知识图谱。

　　知识图谱推动标准在重点领域的应用推广，本书为重点领域产业链发展提供了标准数字化示范应用和参考模型。本书介绍了标准知识图谱相关技术和场景概述，及其电力、司法、政法、城轨、油气、乳业、金融、船舶、汽车、医疗卫生、建筑、财税、产业链大数据等领域的应用案例，前瞻性展望标准数字化工作未来趋势。

　　本书旨在阐述标准数字化创新发展，一是引导更多组织参与标准数字化工作，开展标准数字化理论和技术研究；二是推动标准数字化与数字经济融合，培育标准数字化产业应用生态，体现标准数字化经济效益；三是深化标准数字化国内外交流合作，在中国电子技术标准化研究院、全国信息技术标准化技术委员会的引领下，促进标准数字化产、学、研、用协同创新，为国家产业实现高质量发展做出贡献。

中国科学院院士

全国信息技术标准化技术委员会软件工程分委会主任委员

2022 年 8 月 16 日

前言
PREFACE

"标准作为经济活动和社会发展的重要支撑,是国家基础制度的重要方面,标准化在推进国家治理和治理现代化体系中发挥着基础性、引领性的重要作用"。标准化是政府转变职能、实现社会管理的有力抓手,也是产业有序健康发展的基石。可以说,标准引领是一个国家步入高质量发展、参与高质量竞争的重要标志。

经过多年的发展和几代标准化人的努力,我国的标准化建设取得了长足的进步,在经济社会发展中扮演越来越重要的角色。但是,也同样存在着标准数据内涵未得到充分挖掘、知识表达不够直观、缺乏标准数据应用系统规划等原因导致标准落地存在障碍、标准制定内容重复、标准实施效果难以跟踪评价等问题,阻碍了标准在社会经济发展中作用的发挥。另外,新一代信息技术的融合发展让人类社会进入了数字时代,数字经济和数字技术成了新时代社会的显著特征,标准数字化、机器可读成为标准化发展的重要趋势。寻求一种标准可读取、可交互、可服务、可应用的模型化表示的表现形式成为一条新路径;提供成体系的标准数据服务,也成为激发出标准的支撑与引领效用的一种新的方式方法。标准数字化知识图谱成为现实需要和时代呼唤的必然选择。

知识图谱是新时代知识表示的重要方式,同时也是数字经济时代知识工程的代表性进展。它对真实世界某些特定领域中的元素及它们之间的相互关系的抽象表示,是一种计算机可计算可理解的结构化知识表示模型。将国家标准、地方标准、行业标准及团体标准等成千上万的标准规范进行数据管理,更好地组织、管理和理解标准规范信息,用图结构来描述标准规范文件中概念、实体及其关系的结构化语义知识库,形成了标准规范知识图谱。

标准规范知识图谱的构建,能更好地提高标准编、写、用的智能化水平,促进企业完善自身管理水平,优化产业链结构,推进产业基础高级化、产业链现代化,使产业链、创新链和标准链三链融合发展,提升产业创新的质量和效率,提高经济质量效益和核心竞争力及在国际竞争中构建话语体系。

本书由中国电子技术标准化研究院牵头,联合清华大学、中国船舶工业综合技术经济研究院、山东省计算中心、之江实验室、中国南方电网有限责任公司、中国汽车工程研究院股份有限公司等单位组织相关政、产、学、用单位,从侧重标准文件、技术规范文件的知识化、图谱化的角度,从标准规范知识图谱的作用出发,延伸阐述标准知识图谱的关键技术、具体应用,展望其未来的发展趋势,并以在电网、金融、船舶、航空、财税、零售等典型行业的应用场景丰富全书内容,以期为读者呈现标准规范知识图谱的全貌图。

本书诉求:

面向数字化时代,在标准化过程中,引入知识图谱等关键技术开展标准基础数据的分析、匹配、知识发现,深度挖掘标准之间的关联关系,并通过机器学习技术促进指标溯源、聚类、比对等方向研究,深化产业关键技术对标、技术短板分析等工作,最终实现对管理决策与产业发展的支撑作用。为系统分析研判标准数字化与知识图谱结合后的发展趋势,探索推动我国标准数字化知识图谱技术和产业发展的路径和建议。梳理标准数字化现状,分析标准规范知识图谱需求和价值,研究标准规范知识图谱技术架构,提出标准规范知识图谱应用场景和发展思路,展示标准规范知识图谱应用实例,从而支撑产业发展,为各级产业主管部门、从业机构提供参考。

核心关注:

本书关注重点是标准文件、技术规范文件结构化的知识化、图谱化,主要内容为标准数字化知识图谱的定义、应用需求、技术路线、应用场景等内容。本书从需求层面、技术层面、工具层面、支撑技术、落地应用等多个层面对标准规范知识图谱的发展现状、实际需求、关键技术、应用场景、未来展望等进行了梳理,以期为未来标准知识图谱在更多行业的推广应用及标准规范知识图谱生态体系建立提供支撑。本书适用领域包括制造、医疗、汽车、电子、金融、政务、电力、交通、农林、矿业等各行各业标准数字化知识图谱的研究、建立、发展和完善;适用于构建各行业领域标准的结构化、体系化、有序化;适用于各行业领域内标准的深度挖掘及深层次的知识获取,最终实现对管理决策与产业发展的支撑作用。

内容组织:

本书从标准的概念出发,介绍了标准规范知识图谱的功能、技术、应用场景等内容。本书共六章,分别为"绪论""标准知识图谱的应用价值及意义""标准知识图谱技术""标准知识图谱应用""标准知识图谱应用案例""发展与展望"。

第1章:绪论,从标准的概念出发,概述标准化及标准发展,揭示了标准数字化和知识图谱的关系,明晰了标准规范知识图谱的内涵与外延,探索在产业链条中的发展。

第2章:标准知识图谱的应用价值及意义,介绍标准知识图谱推动标准化工作提档升级和对政府监管、企业发展、产业发展的促进作用。

第3章：标准知识图谱技术，从标准知识图谱数据的定义、组织及结构化开始，介绍标准规范知识图谱的构建原则、构建技术、构建工具及维护、质量评价。

第4章：标准知识图谱应用，首先对标准知识图谱功能进行了概述，从基于标准知识图谱的可视化，基于标准知识图谱的搜索、推荐、问答，以及基于标准规范的图谱推理三个功能方面进行说明。在此基础上，分别从标准本身、产品及产业链三个维度展开，对标准知识图谱的功能探索进行了详细介绍，论述了在智慧公安、智慧城市、标准必要专利、智能医学等领域的功能探索。

第5章：标准知识图谱应用案例，从多个领域提出标准知识图谱的应用背景、应用方案、效果及意义。展示了电力、司法、政法、城轨、油气、乳业、金融、船舶、汽车、医疗卫生、建筑、财税、产业链大数据13个领域应用的案例。

第6章：发展与展望，提出标准规范知识图谱在行业应用方面实现突破将在知识表示、知识获取和知识融合三个层面，标准规范知识图谱应用的技术将呈现更加自动化、智能化的发展。在应用方面，未来标准规范知识图谱具有标准知识图谱市场向杠铃式结构发展，标准知识图谱打破行业间的专业壁垒、形成"标准大脑"，标准知识图谱让标准内容更开放、更智能、更能支撑产业发展三方面的特色。

预期读者：

本书阅读对象为标准数字化知识图谱的学习研究者，包括标准专业授课学习、标准培训、标准知识图谱相关的学术研究等；适用于标准的从业者，包括编制人员、实施人员、测评人员、管理人员、审查人员等，各行业标准的使用者包括各类标准平台、产业平台、标准制定工具的研发运维人员等标准服务提供者及标准的监督管理机构。

参编单位： 中国电子技术标准化研究院、中国船舶工业综合技术经济研究院、中国南方电网有限责任公司、中科芯集成电路有限公司、山东省计算中心（国家超级计算济南中心）、山东省标准化研究院、苏州市质量和标准化院、中国汽车工程研究院股份有限公司、之江实验室、御数坊（北京）科技有限公司、南京柯基数据科技有限公司、上海合合信息科技股份有限公司、中国医学科学院生物医学工程研究所、北京大学、北京文因互联科技有限公司、北京智通云联科技有限公司、天津天大康博科技有限公司、华东师范大学。

特别声明：

本书主要观点内容仅代表参编单位对标准规范知识图谱的认识。对于书中的主要观点，欢迎社会各界专家学者提出建议，我们将积极听取各方专家意见，持续改进和丰富完善本书的内容。

此外，需要说明的是，2019年中国电子技术标准化研究院牵头编写并发布了《知识图谱标准化白皮书（2019版）》，该白皮书与本书在内容上存在一定关联，但又相互独立。《知识图谱标准化白皮书(2019 版)》重心是在知识图谱的标准化,系统介绍了知识图谱的基本概念、相关技术,以及知识图谱标准化研究方面的挑战等内容,而本书关注重点是标准文件、技术规范文件自身的知识化、图谱化,主要内容为标准规范知识图谱的定义、应用需求、技术路线、应用场景等。

作　者

2022 年 4 月

目录
CONTENTS

第 1 章

绪 论

1.1 标准数字化知识图谱的发展

1.1.1 标准化及标准发展概述

GB/T 20000.1—2014《标准化工作指南 第 1 部分：标准化和相关活动的通用术语》中对标准化的定义为："为了在既定范围内获得最佳秩序，促进共同效益，就现实问题或潜在问题确立共同使用和重复使用的条款，编制、发布和应用文件的活动。标准化活动确立的条款，可形成标准化文件，包括标准和其他标准化文件。"[1]标准化文件是各行各业技术经验的高度凝练，在推动技术创新、科技成果转化及产业高质量发展等方面提供了有效助力。标准按照适用范围可划分为国际标准、区域标准、国家标准、行业标准、地方标准、团体标准和企业标准；按照实施的约束力可划分为强制性标准、推荐性标准和标准化指导性技术文件；按照基本性质可划分为技术标准、管理标准、工作标准和服务标准；按照对象和作用可划分为基础标准、产品标准、方法标准、安全标准、卫生标准和环境保护标准。标准化是不断循环、螺旋式上升的活动过程，包括"制定标准—实施标准—修订标准—再实施标准"等一系列内容。

从古至今，标准化的发展主要包含萌芽期、雏形期、成型期、发展期四个阶段，如图 1.1 所示。在远古时代人们用石头制作工具，无论是在旧石器时代还是新石器时代，形状都非常相似，这就是人们之间无意识的标准化，也是萌芽期的显著特征。进入雏形期，中国标准化是世界标准化历史的显著代表，无论是秦始皇统一中国颁布的法令，还是活字印刷术、《本草纲目》等都堪称推行标准化的典范。1901 年世界上第一个国家标准化机构——英国工程标准委员会成立，随后有近 30 个国家成立国家标准化机构。1946 年，ISO 国际标准化组织成立，各个国家纷纷提高对标准化的重视程度,标准在这一时期迅速发展,逐步成型。随着时代、科技的进一步发展,标准化工作也随之进入了高速发展阶段,国际化、数字化进程稳步推进,区域一体化、经济一体化发展趋势不可避免,成为了该阶段标准化发展的主要推动力[2]。

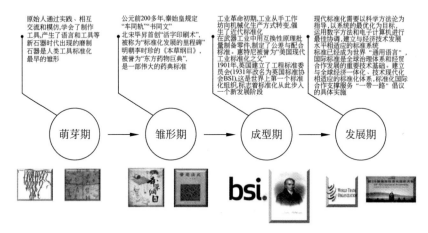

图 1.1 标准化发展阶段图

随着科学技术的快速发展和产业标准化对于标准知识挖掘深度的进一步加大、标准知识传播速度的进一步加快,以及标准上下游产业串联等新需求的出现,标准化工作的发展呈现出更开放、更迅速、更智能、更融合的新趋势,正在迈向数字化转型期。在转型期,标准不仅在生产领域融合应用,还将更多地用于支持政府决策、服务于社会管理和公共服务领域。从目前的产业发展看,标准化机构的设立和工作范围还呈现出领域专业化、专业数字化的新趋势。随着国家标准化改革政策的推进实施,由市场主导的团体标准等新型标准化形态也将处于更重要的地位并发挥重要作用。

1.1.2 《国家标准化发展纲要》的颁布与实施

实施标准化战略是国家顶层设计的核心。2021 年 10 月,中共中央、国务院印发了《国家标准化发展纲要》(以下简称《纲要》),其中明确指出,标准是经济活动和社会发展的技术支撑,是国家基础性制度的重要方面。

《纲要》中明确了未来 5 年内标准化发展总体目标:到 2025 年,实现标准供给由政府主导向政府与市场并重转变,标准运用由产业与贸易为主向经济社会全域转变,标准化工作由国内驱动向国内国际相互促进转变,标准化发展由数量规模型向质量效益型转变。标准化更加有效推动国家综合竞争力提升,促进经济社会高质量发展,在构建新发展格局中发挥更大作用。具体目标包括:①建立健全的大数据与产业融合标准,推进数字产业化和产业数字化,从而进一步提升产业标准化水平;②发展机器可读标准、开源标准、推动标准化工作向数字化、网络化、智能化转型[3];③在人工智能、量子信息、生物技术等领域,开展标准化研究;在两化融合、新一代信息技术、大数据、区块链、卫生健康、新能源、新材料等应用前景广阔的技术领域,同步部署技术研发、标准研制与产业推广,加快新技术产业化步伐。在8000多字的文件中,《纲要》十一次提到"数字",十一次提到"智能",突出了二者在未来产业标准化过程中起到的主导作用[4]。

1.1.3 标准数字化与知识图谱

1.1.3.1 标准数字化现状

当前,新一轮科技和产业变革正在发生,显著改变着社会生产方式和生活方式,这一切得益于信息技术、新材料技术、生物技术、新能源技术等技术的融合交叉[2]。数字化时代中,数字技术、数字经济成为社会的显著特征,标准是先进知识的集合,随着新旧标准的更替,先进的技术被固化沉淀,过时陈旧的标准即行废止,数字化标准将成为标准化领域的重要趋势。数字技术在传统领域里的广泛和深入应用,不断推动已有标准向数字化发展。数字化、可视化等数字技术逐步成为标准的主要表现形式[5]。与此同时,技术标准和规范将越来越多体现为可量化的参数形式,侧重规定参数的数值要求,在实现方法和验证方法中体现参数作用,这一趋势将令标准更易于数字化,响应数字化变革的要求。

标准数字化是指在标准全生命周期过程中利用数字技术,对标准文件本身及其应用模式进行赋能转变,使标准文件内容具备可读取、可服务、可交互、可应用的特性,其核心在于机器可读标准新模式。标准数字化的基础是对标准中蕴含的大量数据进行汇集解析,通过智能化手段实现落地应用,因此标准数字化就是将先进知识进行数字化、智能化融合并运用起来,与行业的业务融合发展。

全球化制造和数字化转型升级对标准的形式、活动内容和应用提出了新挑战。近年来,众多国际和区域标准化组织、国家和地区标准化机构高度重视标准数字化转型,纷纷把标准数字化纳入标准化发展战略,相继推出一系列数字化试点项目,开展了许多有益的尝试和探索[6]。2021年国际标准化组织(ISO)发布《ISO战略2030》(以下简称"战略"),其中,数字技术作为要点被纳入战略。战略指出,数字技术的进步有助于提高效率和生产效率,创造竞争优势,促进创新,并提出将标准由文本格式转换为机器可读格式作为ISO的优先工作事项。国际电工委员会(IEC)理事局将"机器可读标准"纳入IEC发展规划的具体行动中,有助于提升标准化工作的质量效益,缩短标准制修订周期,提高使用便利性和维护效率,并在测控及自动化、电力等领域开展机器可读标准的实践工作。欧洲标准化委员会(CEN)和欧洲电工标准化委员会(CENELEC)发布《CEN-CEELEC 2030战略》,提出"让我们的客户和利益相关者受益于最先进的数字化解决方案",专门制订数字化转型战略计划,并陆续推出标准在线开发平台、未来标准(机器可读标准)、开源解决方案 3 个关键项目。俄罗斯标准化战略(2019—2027)明确提出将国家标准转换为"机器可读格式",通过自动化系统提供标准文本的创建、编辑和应用,以及在不同系统间交换文本的能力。德国发布《数字化转型和标准场景白皮书》,梳理标准数字化概念和用例,在其标准化战略中将"未来机器可读可执行标准"作为重点领域,重视并支持企业数字化转型。美国国家标准机构(ANSI)和美国的行业合作者开始推行 ISO SMART 标准,将 ISO 标准的内容整合到产品、过程和服务以显著节省时间和成本。在 2020 年将无人驾驶飞机系统、人工智能、人工智能医疗、纳米技术、商业化航天、标准数字化等新兴技术领域列入 SMART 标准战略方向。

国外标准化机构数字化探索对比情况见表 1.1。

随着《国家标准化发展纲要》发布实施,我国也在标准数字化领域开展了相关工作。在技术组织方面,2022 年 1 月 21 日,国家标准委正式批准筹建全国标准数字化标准化工作组,主要负责标准数字化基础通用、建模与实现共性技术、应用技术等领域的国家标准制修订工作,主任委员单位由中国标准化研究院承担,副主任委员单位由中国电子技术标准化研究院等单位承担。中国标准化研究院有"国家标准档案馆"和"中国标准服务网"等代表性产品。中国电子技术标准化研究院是国家从事电子信息技术领域标准化的基础性、公益性、综合性研究机构,是全国信息技术标准化技术委员会等国内全国标委会秘书处单位,负责人工智能、大数据、区块链、云计算、物联网等新一代信息技术标准化工作,首创标准数字化知识图谱方法论体系,承担国家重点研发计划 2022 国家质量基础设施体系"标准数字化演进关键技术与标准研究(一期)"、国家制造业高质量发展专项 2021 产业基础共性服务平台"建设电子信息领域标准大数据公共服务平台项目"、科技助力经济 2020——国家重点专项"面向疫情防控和复工复产的标准知识图谱智能服务平台研发和应用",开发的标准数字化文献知识系统、标准数字化流程研制系统等实践产品和工具服务覆盖电子信息、制造业等领域应用,有效提升标准知识促进行业业务发展水平。由中国电子技术标准化研究院牵头、国内产学研用各方共同成立的标准规范知识图谱联盟,牵头编制了 IEEE P2959 国际组织标准《面向标准的知识图谱技术要求》,基于标准数字化、知识化、工具化的应用服务模式,将进一步激发出标准知识的支撑与引领效用,为深入实施国家质量工程建设、攻克关键核心技术、推动产业链和供应链多元化等重点工作提供保障。

目前,标准表现形式的演变可划分为以下 5 个阶段,如图 1.2 所示。

表 1.1 国外标准化结构数字化探索情况对比

序号	分类	标准化机构	战略规划	规划内容	专门的组织/机构	机构职责
1	国际	国际标准化组织(ISO)	《ISO战略2030》	数字技术作为要点被纳入战略。战略指出,数字技术的进步有助于提高效率和生产效率、创造竞争优势、促进创新,并提出将标准以机器式转换为ISO主文本格式的优先工作事项	机器可读标准战略顾问组(SAG-MRS)	负责制定ISO采用和实施机器可读ISO机器可读线路图和ISO标准数字化转型指南,并启动新型数字化转型项目、研究有关用例、业务模式和支撑技术等
2		国际电工委员会(IEC)理事局	IEC发展规划的具体行动	将"机器可读标准"纳入IEC发展规划的具体行动中,有助于提升标准化工作的质量效益、缩短标准制修订周期、提高使用的便利性和维护效率,并在测控及自动化、电力等领域开展机器可读标准的实践工作	数字化转型战略小组(SG12)	研究国际标准化工作的数字化转型方法
3	区域	欧洲标准化组织/欧洲电工标准化委员会(CEN/CENELEC)	《CEN/CENELEC战略2030》	提出"让我们的客户和利益相关方最受益于最先进的数字化解决方案",专门制订数字化转型战略计划,并陆续推出标准在线开发平台,开源解决方案3个关键项目	数字和IT战略咨询小组(DITSAG)	负责就CEN-CENELEC战略中与数字化和IT实施的相关方面提供建议,包括制订数字化转型计划
4	国家	美国国家标准学会(ANSI)	2019—2020年报	强调了机器可读标准的战略重要性,和美国行业合作伙伴正在帮助推进ISO实施机器可读标准的发展,这为企业将ISO标准的内容纳入产品、流程和服务等节省大量时间和成本。ANSI将无人驾驶飞机系统、人工智能、人工智能医疗、纳米技术、商业化航天、标准数字化(2019)等新兴技术列为未来标准化工作的重点		

续表

序号	分类	标准化机构	战略规划	规划内容	专门的组织/机构	机构职责
5	国家	英国	2021 年 7 月发布《第四次工业革命标准：释放价值创新的 HMG-NQI 行动计划》	英国标准协会（BSI）开发了新型标准形式 BSIFlex，其具有灵活有灵活制定、快速迭代、迅速响应市场需求，提供开放性咨询等新型数字化标准准准特点。BSI 将进一步咨询和研究机器可读标准，与相关利益相关方合作和协商，以反映用户的需求	与英国皇家认可委员会（UKAS）合作	推动机器可读标准认证
6		俄罗斯	俄罗斯标准化战略（2019—2027）	提出将国家标准转换为"机器可读格式"，通过自动化系统提供标准文本的创建、编辑和应用，以及在不同系统间交换文本的能力		
7		德国电工委员会（DKE）	正在制定未来的标准数字化转型新战略，启动"标准化 2020"计划	该计划将极大地塑造和创建新的标准化文化。基于云服务将标准用户和开发者及标准组织本身聚集在其专家网络中进行密切讨论，提供全面的标准化服务和数字化产品，并通过反馈循环不断更新和改进，直至将标准内容自动转换为产品和服务		
8		德国标准化协会（DIN）	完成了第二份 IDiS（数字标准倡议）智能标准白皮书	书中强调，未来的标准一定是数字化的，工业以数字化方案提高现有范式下的相关标准发布、着重关注上现有标准的使用者，以跟上标准的使用。详细阐述了建立SMART 标准体系的通用方法和改进迅速，以跟上标准的使用者的相关标准发布。详细阐述了这些用示范案例，这些用示范案例的引入和应用能够提高标准使用者的理解和交流	联合 IDiS（数字标准倡议）网络小组	

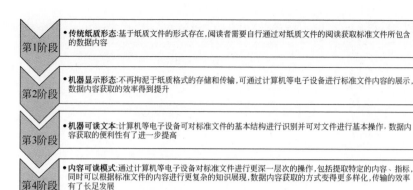

图 1.2　标准表现形式演变阶段图

1.1.3.2　知识图谱赋能标准数字化

知识图谱是对真实世界某些特定领域中的元素及它们之间的相互关系的抽象表示,是一种计算机可计算可理解的结构化知识表示模型。知识图谱采用面向对象的方式对真实世界进行抽象,将领域中的"元素"抽象为"实体",在图谱中以节点来呈现,将两个元素之间的内在联系抽象为"二元关系",在图谱中以边(连接两个节点)来表示,将实体和关系的名称用标签标注。这样的知识表示形式与人类大脑对真实世界的抽象方式基本一致(与人类看待、理解和处理真实世界的方式基本一致),从而保证了知识图谱可以应用在真实世界中的大多数领域或任务上,对其中的信息做知识表示。除此之外,从技术角度讲,知识图谱的"实体—关系—实体"的三元组结构易于从信息源自动抽取,且知识图谱可作为各种结构化知识表示载体和实例数据库的统一化表示,利于异构知识的融合。

大数据时代,智能系统常使用神经网络从实例(经验)数据中学习"隐性的知识"并应用于各类任务。但这种方式存在许多不足,比如学习的过程和学到的隐性知识无法为人类所理解,即神经网络具有不可解释性。上述问题推动了业界及学界尝试将知识图谱引入智能系统。尤其是医疗、健康、法律、监管及电力等领域,对可信赖和可解释的智能系统存在迫切需求。图 1.3 展示了知识图谱在表示方式、数据模型、技术、应用等不同维度的定义。

知识图谱是大数据时代知识表示的重要方式,同时也是大数据时代知识工程的代表性技术。随着大数据和深度学习的发展,知识图谱为人工智能技术和互联网应用的发展提供了不竭动力,其中蕴含的海量知识被用于语义搜索、智能问答、个性化推荐等领域。

近年来,产学研用单位纷纷着手构建自身研究领域或行业领域的知识图谱,主

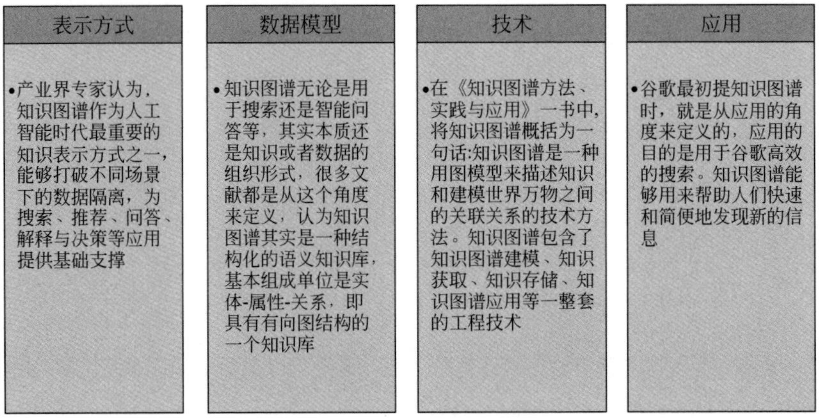

表示方式	数据模型	技术	应用
• 产业界专家认为，知识图谱作为人工智能时代最重要的知识表示方式之一，能够打破不同场景下的数据隔离，为搜索、推荐、问答、解释与决策等应用提供基础支撑	• 知识图谱无论是用于搜索还是智能问答等，其实本质还是知识或者数据的组织形式，很多文献都是从这个角度来定义，认为知识图谱其实是一种结构化的语义知识库，基本组成单位是实体-属性-关系，即具有有向图结构的一个知识库	• 在《知识图谱方法、实践与应用》一书中，将知识图谱概括为一句话:知识图谱是一种用图模型来描述知识和建模世界万物之间的关联关系的技术方法。知识图谱包含了知识图谱建模、知识获取、知识存储、知识图谱应用等一整套的工程技术	• 谷歌最初提知识图谱时，就是从应用的角度来定义的，应用的目的是用于谷歌高效的搜索。知识图谱能够用来帮助人们快速和简便地发现新的信息

图 1.3　知识图谱的定义

要体现为两大类:一是开放领域知识图谱，一般用于解决科普类、常识类等问题;二是特定领域知识图谱，根据对某个行业或细分领域的深入定制，解决当前行业或细分领域的专业问题。标准规范知识图谱大多数情况下属于后者，但在基础性标准知识领域也属于前者。

1.1.4　标准规范知识图谱的内涵与外延

本书所表述的标准规范是指包括国家标准、行业标准、地方标准，团体标准及企业标准、企业技术规范等蕴含知识的标准文件集合。

标准规范知识图谱是一种结构化的语义知识库，它用图结构来描述标准规范文件中的概念、实体及其关系，具有机器可读的特性。这些概念、实体可以是标准规范本身，也可以是标准规范的文件要素，如封面、目录、范围、术语、条款、图、表、示例、公式、附录等。关系是这些概念、实体的属性或相互关系，如标准之间的引用关系。标准规范知识图谱将成千上万的标准规范有组织地进行了关联整理。标准规范知识图谱为人们提供了更好地管理、挖掘、解析、重构标准规范信息的能力。

标准规范知识图谱分为三个层次，一是个体标准规范知识图谱，即对某一标准文件进行解构，并通过一定技术方法为该标准文件构建知识图谱;二是专题标准规范知识图谱，即针对某一专题领域的标准文件集合，基于专题领域内的关键性技术要素体系，对各标准间关系进行建模，形成专题领域内标准规范知识图谱;三是产业链标准规范知识图谱，即针对某一产业链条，形成基于产业链标准体系的标准规范知识图谱。

构建标准规范知识图谱的原因在于，一是标准知识图谱对产业发展具有促进作用;二是知识图谱对企业发展具有促进作用;三是标准知识图谱对政府监管具有促进作用;四是知识图谱推动标准化革新。

1.2　标准化、标准规范知识图谱与产业协同发展现状

1.2.1　多链融合与标准化

在当前我国实行创新驱动发展战略的背景下,开展产业链、创新链与标准链"三链融合",充分发挥科技创新在创新驱动中的引领作用,具有十分重要的理论意义和现实意义[7]。

产业链包含产品、技术、工艺等基本环节,同时也涉及研发、财务、人力、战略、营销等辅助活动;创新链形式上是围绕突破科学技术难关展开的,以创新创意与成功商业化产品为两端贯穿政、产、学、研、用各个环节,但是创新链的效率和质量主要依赖于创新管理的制度设计;标准链在产业发展初期已经发挥作用,体现在行业标准需求诊断、产业标准体系搭建、产业标准制定与实施、行业标准创新发展等产业发展的全生命周期[8]。

围绕产业链部署创新链、围绕创新链布局产业链,是实现产业链国际循环转向国内循环的关键[8]。"标准决定质量,有什么样的标准就有什么样的质量,只有高标准才有高质量"。在产业链与创新链协同推进过程中,技术创新与产业发展契合度不高、科技成果转化不顺畅等问题仍然较为突出。标准是促进科技成果产业化的桥梁和纽带,科技创新是推动标准水平提升的手段和动力,而科技创新成果的产业化和标准化二者又相互依托、不可分割。科技成果通过一定的途径转化为标准,通过标准的实施和运用,促进科技成果转化为生产力,推动产业发展。

"三链融合"发展的重要意义在于解决了产业链、创新链与标准链之间相对独立、衔接不紧密的问题,使三者成为一个有机的整体,从而大幅提高了产业创新发展的质量与效率。围绕创新链布局产业链,就是要通过产业链的串联把各个创新主体打造成目标一致的利益共同体,进而在激励一致性基础上形成统一的标准和行业规范,降低交易成本,形成创新合力[7]。

当前我国产业发展的重点问题是大而不强,核心环节被"卡脖子"、重点环节创新能力不足、在国际上没有话语权。这就需要我国推进产业基础高级化、产业链现代化,提高经济质量效益和核心竞争力,坚持自主可控、安全高效,分产业做好战略设计和精准施策,推动全产业链优化升级。

当今世界正经历百年未有之大变局,新一轮科技革命和产业变革深入发展,创新发展成为全球竞争的关键战略。从产业角度整合标准数据,建设全链条标准规范知识图谱,有利于推动标准化的协调性和完整性,做到"有标贯标、缺标补标、低标提标",推动产业链高质量发展。

1.2.2　"标准化＋知识图谱"在产业链条中的发展探索

随着国家标准化改革的不断深化和大众标准化意识的逐步提升,标准数据呈

现海量式的增长,标准的使用者需要更加高效地从标准中获取知识并应用。利用知识图谱技术,构建标准规范知识图谱可以解决海量数据从存储、处理到分析、应用等一系列难题。在促进产业快速发展方面,标准规范知识图谱通过信息整合、关系识别和网络计算等功能,全面提高标准知识挖掘深度,提高应用效率;在促进中国标准走出去和提升产业国际竞争力方面,标准规范知识图谱可结合特征学习、类型推理、模式归纳等,发现潜在缺失的产业标准,辅助政府、企业完成产业发展的深度研判。标准往往意味着企业的话语权、行业地位及全球化水平。在1.2.2.1节~1.2.2.3节中,以石油、高铁、半导体三个产业为例,阐述标准化对产业的促进提升作用及标准规范知识图谱在产业链条中的发展探索。

1.2.2.1　标准化助推石油产业发展

1982年国务院召开科学技术大会,提出了加强石油工业标准化工作,扩大石油工业标准化领域的明确要求[9],同年11月石油工业部贯彻、传达了国家标准化的相关文件和指示精神,进一步加强石油工业标准化和石油企业标准化工作的措施,确定石油标准化的范围和领域[10]。从此,石油标准化开始在勘探、开发的各个专业技术领域开展起来。

目前石油工业标准体系组成包括国家标准、行业标准、企业标准和团体标准。截至2022年,在油气上游领域(勘探开发)形成国家标准235项、石油天然气行业标准1630项、能源行业页岩气煤层气标准32项;在下游领域(炼油化工)形成国家标准395项,石油化工行业标准848项;在企业标准方面:中国石油、中国石化和中海油企业标准共计3000项以上;这些油气行业的标准对推动石油工业的建设和发展起到了重大的促进作用。随着油气工业的国际化战略的实施,积极推进石油工业的标准化工作对于与国际接轨的重要性更加显现,这会为我国石油企业"走出去战略"和"跨国经营"目标奠定坚实的基础。

以中国石油为例,企业按照"标准先行、共性为主、源头入手、执行有力、面向国际、注重实效"的原则,将标准作为质量的"硬约束"。《油气田地面工程标准化设计导则》等系列成套标准,以及在此基础上研发的应用一体化集成装置,大幅缩减了建设周期、降低了建设投资,有力促进了地面工程建设理念的变革[11]。煤层气和页岩气标准的制定发布,支撑国家非常规天然气发展及长输管网安全平稳运行。

石油天然气的勘探开发过程中产生了大量研究报告和标准,目前大部分勘探部署、油气藏描述、开发方案、研究报告、档案文献、标准等高价值知识成果资料都以多种方式分散存放。随着数据量的与日俱增,可供人们利用的数据越来越呈现出海量多源、异构的特点,而现有的方法大多是由人来完成知识的挖掘,往往需要进行多次检索,半结构化、非结构化的油气藏地质知识成果利用率低。传统基于关系数据库的信息管理系统和基于关键词的信息检索系统无法有效地分析、组织和利用这些知识。构建相关勘探开发的标准规范知识图谱,对已有的标准资料进行统一知识抽取和实体属性关联,挖掘出盆地、油气藏等地质实体与烃源岩盖层、储层、流体、储量、生产特征、增产措施、开发方案各类成果知识之间的内在关联关系,对从事勘探开发的科研人员快速掌握相关知识具有重要的辅助作用,也为未来的油气大数据综合应用奠定良好的基础。

1.2.2.2 标准化助力中国高铁"走出去"

随着中国铁路技术的高速发展,我国已形成了代表当前现代最先进科技水平的铁路网和高铁网,标准化工作在装备与技术创新融合发展、工程建设与运行安全保障方面发挥了重要作用[12]。自 2012 年,中国铁路总公司主导开展了"中国标准"动车组研制工作,从铁路类型、地质气候条件要求、运输要求等维度,基本建立了技术标准体系,尤其在动车产品建设、控制调度系统、轨道线路结构等多个方面制定了关键技术标准,提高了整车车辆和相关装备的生产质量及整体运营系统的稳定性。在中国制造的新时代,高铁装备制造体现了中国装备制造业最高水平。中车四方股份公司作为我国高速动车组的技术龙头企业,在十余年的时间里,不断坚持创新,研制形成了高速动车组谱系化产品,产品类型按照速度等级、编组形式、载客量进行分类,可适应不同运行环境的需求。中车四方股份公司在大力推进产品研发、技术革命的同时,也将标准化工作列为重要工作内容,推动技术与标准的融合发展,成为在高速列车标准领域内的领军企业,构建的高速动车组技术标准体系涵盖了产品设计、产品制造、生产工艺、试验验证、质量检测等产品研发生产全过程。由其主持制定的 ISO 22752—2021《铁路应用-机车车辆车体侧窗》也已正式发布实施,这是首个由国内企业主导的 ISO 铁路车辆系统部件国际标准[13]。中国高铁标准让中国铁路企业跨进了国际一流企业的行列,中国幅员辽阔、地形复杂、气候多变,被极寒、雾霾、柳絮、风沙"淬炼"出的"中国标准"正逐渐超越过去的"欧标"与"日标",被越来越多的国家采用。通过参与国际标准化工作,我国高铁装备在全球范围内的品牌影响力和竞争能力得到了极大的提升,中国高铁装备以技术创新、标准突破的新形式走出国门,走向世界。

高铁动车上的车载设备,比如牵引设备、制动设备等,是机车行驶控制的重要部件,对机车行驶安全、实时状况的检测具有关键作用。目前,高铁动车上机车设备运行数据由各个单元检测系统独立采集与分析,造成机车运行中数据冗余和数据异构问题。

通过探索构建基于标准知识图谱的高铁动车设备检测系统,解决多源异构数据快速融合问题,可有效提高列车故障诊断能力和处置率。

1.2.2.3 标准化护航半导体产业国际化进程

近年来,国家对半导体产业高度重视,半导体产业成为我国重点发展的产业。受国际市场需求冲高及扩大内需政策成效显现的共同作用,电子整机制造产业出现明显回升,计算机、消费电子、通信等整机产量的增长及产品结构的持续升级,大大拉动了相关行业对上游半导体器件产品的需求,迎来历史机遇期。

目前,我国半导体产业的主要问题是技术相对落后,高端市场竞争力不足。以功率半导体行业为例,其中高端功率半导体器件接近90%需要进口,确保高端功率半导体器件的自主可控,已成为刻不容缓的战略任务。

当前国际贸易摩擦加剧,中国5G、芯片等产业受到排挤,国家和半导体产业界人士真正意识到积极参与国际标准化工作的重要性,而缺乏标准也一直是产业的短板之一。在国际标准化领域,国际电工委员会(International Electrical Commission,IEC)、国际固态技术协会(JEDEC)、美国汽车电子委员会(AEC)等在半导体分立器件、集成电路、传感器、电子元器件组件、接口要求和对环境无害的设计、制造、使用、再利用和试验、汽车用电子元器件评价标准等方面开展了国际标准制定工作。在国内标准领域,全国半导体器件标准化技术委员会(SAC/TC78)负责全国半导体器件标准化和IEC/TC47的国内技术归口工作。

当前,在我国半导体相关产品不断丰富,但是出现了标准化滞后现象。虽然通过采纳和借鉴国外已有标准,构建了国家标准化基础,但现有基础无法完全支撑和指导半导体行业的规范化发展。另外,新兴领域宽禁带功率半导体器件的发展方兴未艾,标准化工作仍在起步过程中,尚未形成完善的标准体系。而现有国标、行标规范力度不足,企业更注重迎合客户需求。因此,迫切需要把握机遇,加快对功率半导体器件技术及产业发展的研究,系统梳理、加快研制功率半导体器件的标准体系,明确标准之间的依存性与制约关系,建立统一完善的标准体系。

标准化工作对功率半导体器件及其产业发展具有基础性、支撑性、引领性的作用,既是推动产业创新发展的关键抓手,也是产业竞争的制高点。标准化工作应紧密结合产业链、创新链协同发展,制定实时有效的相关技术标准,保证标准与创新成果的同步性,以标准的手段促进我国半导体器件技术与产业发展,为半导体元器件国际化进程保驾护航。

1.3　本书内容简述

我国的标准化工作几经变革,随着国家改革力度的加大和几代标准化人的努力已经有了很大的成效,但个别标准仍然存在难以落地实施、标准实施监督效果难以有效跟踪评价、标准制定内容重复、不同标准内容相同指标矛盾等问题。标准难以实施的根本原因主要来自三方面:一是标准数据的内涵尚未得到充分的挖掘。面向标准的智能化数据挖掘技术有待突破。传统的纸质标准、电子版标准和传统标准全文数据库,仅实现了标准文本的存储和简单查询功能,缺少深度的挖掘及深层次的知识获取工具体系,阻碍了标准的推广应用、贯标对标和达标。二是知识的表达形式不够直观。标准数据的可视化技术方兴未艾,标准、术语、相关信息等资源数据可视化、知识可视化、关联分析可视化等算法有待研发。三是缺少标准数据应用的系统规划。以标准比对为例,当前国内外标准对标工作主要依赖人工比对,费时费力且无法全面、精准。应用中常见的文献查重系统多基于文字重复率或简单语义分析,无法为标准的技术指标比对提供支撑。

因此,迫切需要引入知识图谱等应用技术开展标准基础数据的分析、匹配、知识发现,深度挖掘标准之间的关联关系,并通过机器学习技术促进指标溯源、聚类、比对等方向的研究,深化产业关键技术对标、技术短板分析等工作,最终实现对管理决策与产业发展的支撑作用。

为系统分析研判标准与知识图谱结合后的发展趋势,探索推动我国标准规范知识图谱技术和产业发展的路径和建议,特编写本书,梳理标准规范知识图谱现状,分析标准规范知识图谱需求和价值,研究标准规范知识图谱技术架构,提出标准规范知识图谱应用场景和发展思路,展示标准规范知识图谱应用实例,从而支撑产业发展,为各级产业主管部门、从业机构提供参考。

根据当前标准规范知识图谱技术发展情况及在多个领域的探索实践,本书从需求层面、技术层面、工具层面、支撑技术、落地应用等多个层面对标准规范知识图谱的发展现状、实际需求、关键技术、应用场景、未来展望等进行了梳理,以期为未来标准知识图谱在更多行业的推广应用及标准规范知识图谱生态体系的建立提供支撑,本书整体结构如图1.4所示。

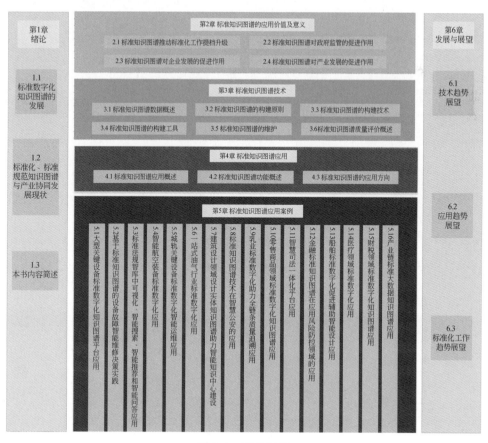

图1.4　本书框架

　　本书适用领域包括制造、医疗、汽车、电子、金融、政务、司法、交通、农林、矿业等各行各业标准知识图谱的研究、建立、发展和完善；适用于构建各行业领域标准的结构化、体系化、有序化；适用于各行业领域内标准的深度挖掘及深层次的知识获取，最终实现对管理决策与产业发展的支撑作用。

参考文献

[1] 白殿一,吴学静,王益谊,等.GB/T 20000.1—2014 标准化工作指南 第1部分：标准化和相关活动的通用术语[S].北京：中国标准出版社,2014.

[2] 刘曦泽,王益谊,杜晓燕,等.标准数字化发展现状及趋势研究[J].中国工程科学,2021,23(6)：147-154.

[3] 陈和华.解读《国家标准化发展纲要》[N].中国市场监管报,2021-12-25(001).

[4] 王忠敏.标准化基础知识实用教程[M].北京：中国标准出版社,2010.

[5] 张宇燕.全球经济治理结构变化与我国应对战略研究[M].北京：中国社会科学出版社,2017.

[6] 宋明顺.未来标准化发展趋势[J].中国纤检,2021(7)：12.

[7] 易婷婷,赵文慧.标准化战略与创新的互动研究——基于创新生态系统视角[J].科技和产业,2021,21(11)：269-274

[8] 李上,鲁鹏,姜立嫚,等.产业链、创新链与标准链"三链融合"的理论与实践[J].财经界,2020(35)：22+80.

[9] 胡乐明.产业链与创新链融合发展的意义与路径[J].人民论坛,2020(31)：72-75.

[10] 张兴儒.石油工业技术监督工作十年回顾[J].石油工业技术监督,1995(6)：3-8.

[11] 郑凯,万战翔.艰辛的探索光辉的历程——纪念石油工业标准化技术委员会成立20周年[J].石油工业技术监督,2005(1)：44-47.

[12] 关键.标准化采购在油气领域中的创新应用[J].当代石油石化,2021,29(11)：41-45.

[13] 吴歆彦.做好高铁智能建造标准化助力中国高铁高质量发展[J].工程建设标准化,2022(3)：56-57.

[14] 韩智,周法国.基于知识图谱的高铁动车设备检测系统的本体框架构建与维护[J].现代电子技术,2018,41(6)：11-14.

第**2**章

标准知识图谱的应用价值及意义

随着知识图谱技术在各行业的深入应用,其在智能搜索、智能推荐、智能问答等方面的应用也越来越广泛和多样化,标准知识图谱作为标准形态的一种新的表达方式,其语义化的知识网络是推动标准向智能化应用的重要方法,也是推动标准数字化转型发展的重要手段。本章从标准化工作、政府监管、企业发展、产业发展等方面,阐述了标准知识图谱在这些方面的应用价值和意义。

2.1 标准知识图谱推动标准化工作提档升级

2.1.1 提升标准编制智能化水平

标准编写的关键是对技术成果的转化,然而标准的编制主体一般是相关领域的技术人员或标准工作者。由于技术人员不熟悉标准的编写,标准工作者亦不了解技术的实现,无论以谁为主体来编写标准,都存在一定的困难。

标准知识谱图通过构建标准中实体之间、标准与标准之间的关联关系,实现标准知识的体系化、可视化,从宏观上为标准编制者提供全面的查询服务,可实现实体消歧、避免定义重复、解决标准之间冲突矛盾的问题,能帮助标准编制者快速、便捷地掌握所要编制的标准领域内的全部知识点,为标准适用范围的确定、技术先进性的考虑等提供有力的支撑和指导,进而解决标准适用范围不准确、技术先进性欠缺及标准之间协调性欠缺的问题。此外,标准知识图谱具有补全、关联应用等功能,可以智能化地帮助标准编写人员不断完善标准的结构、表达方式,提高标准的规范性、可阅读性、可执行性,解决标准文体逻辑性弱、严谨性欠缺等问题。

2.1.2 提高标准技术审查质量

标准审查是标准正式出版发行前的一项重要工作,主要针对标准制修订程序的合法性、标准技术内容的合理性、标准间的协调性、标准编写的规范性等方面进行审查。

传统的标准审查一般采取会议审查方式,对审查专家的专业能力要求较高,受审查时间较短的影响,标准审查可能存在审查内容涵盖面不全、与其他标准协调性审查考虑不全等问题。标准知识图谱以结构化形式描述标准中的概念、实体及其关系,通过有效的组织管理标准相关知识点,建立各层级标准间知识关系,揭示各层级标准知识点之间的显隐性关系,为标准技术内容合理性审查、标准间的协调性审查奠定数据和技术基础,缩短标准审查周期,提升标准技术审查质量。

2.1.3　助力标准智能检索应用

标准知识图谱已经将标准库从传统的文本罗列的形式转化为可用性、效率更高的图数据形式。标准的每个元素在图谱中都是"节点",通过有向的"边"连接到与其相关的所有节点。标准文本通过知识图谱技术进行"重构",不但使标准用户可以更加高效地用标,而且对计算机来说是种更加友好的表达方式,因为这种节点和边的数据结构更容易被计算机识别,且处理效率更加高效。除此以外,标准知识图谱的构建离不开本体技术,这让图谱中的实体概念和属性都蕴含了逻辑含义和规则。图谱所支撑的上层应用,比如标准检索、标准问答、标准推荐,或者更为通用的自然语言理解,都可以借助暗含的逻辑、规则来推理出新的知识。

对于标准用户来说,在使用标准前,根据应用场景找到最适合的标准,或者搜集到最丰富的标准资源是用标前提,但低下的标准检索效率恰恰是目前所有用户最为头痛的问题之一。标准检索平台是标准研制过程中最常用到的工具之一。标准研制初期的查新工作,标准编写期间的规范性引用检索、术语检索等工作都离不开标准检索平台。我国的标准检索平台提供国家标准、行业标准、团体标准、地方标准等各级标准的检索服务,都可以使用标准名称或者标准编号等信息进行一般检索,有的平台也可以通过高级检索功能对检索结果进行二次筛选,但仍然无法解决检索效率低下的问题。图 2.1 为全国标准信息公共服务平台国家标准高级检索界面[1]。

对于海量的标准而言,单纯匹配标准名称或标准编号的一般检索方式,不仅存在查询结果零散、片面等问题,在检索的广度上,不能全面地查阅到某专业领域内的强相关标准,而且在检索深度上,更无法查阅到上下游领域内的弱相关标准。因为传统的标准检索平台存储标准的方式和检索机制无法体现标准间的关联性,但是利用知识图谱技术,可以使标准内的实体之间相互关联,形成标准网络。当检索到标准网络中的一个节点时,与它相关的节点自然会被推荐到检索结果中,这样无论是领域内的标准,还是上下游领域的标准都可以"一网打尽"。

利用知识图谱技术实现的"智能检索"不仅仅指的是标准内容的全文检索、关键字模糊匹配等。对于高效的标准智能检索,由于知识图谱技术在抽取实体时以

图 2.1 "高级检索"界面

本体为基准,所以可以做到标准的语义关联检索,使系统能够理解用户的检索意图,从而呈现出用户更想要的检索结果。比如,检索的关键字是"术语 智慧城市",用户不仅会看到可视化图谱中关于智慧城市术语的标准,还可以看到包含"智慧城市"这个术语的所有标准。弱关联的标准节点,比如智慧城市子领域、上下游领域内相关标准则会展示在图谱的边缘。

知识图谱技术在检索应用上具备很大的优势,通过抽取标准文本中的实体,建立实体间的关联,将标准文本中的"本质"作为被检索的对象,有效地解决了单一关键字检索引起的片面性、检索结果不立体、无法展现检索对象间的关联等问题。标准的检索结果也不再是简单地罗列出与关键字匹配的标准,而是以更加可视化的网络图谱形式展示出来。

由此可见,标准知识图谱将标准资源进行了重新整合,加强了标准知识点的互通性和标准体系的系统性,提高的不仅仅是标准检索效率,还可以结合用户的历史兴趣为用户推荐个性化的标准信息,为其提供准确性更高、更加多样性的用标体验。

2.1.4 创新标准适用性分析方法

标准发布实施后,其条文中蕴含的标准要素基本固定,但随着社会和经济的持续发展,标准化对象也在不断演进。为确保标准的科学性、时效性,更好地发挥标准的基础性、战略性和引领性作用,在使用标准时,需要对相关标准开展适用性分析,以确定标准是否适用。

目前,常用的标准适用性分析方法是先将标准细分为条文,然后根据专家经验、文献资料、现场情况、试验验证等,对标准条文进行逐一的对比和分析,得出各个条文的一致性或适用性判断,最后通过梳理汇总条文评价结果,给出定性的标准适用性结论。这种方法主要依靠人工进行,存在大量重复工作;适用性分析结论受主观因素影响较大,专家对领域知识掌握的深度、评价指标把握的尺度、实际标准化对象理解的程度,都会导致分析结果出现偏差。标准知识图谱蕴含了标准文件所囊括的众多知识点,依托知识点之间的关系,形成了一个庞大的标准知识网络,其标准知识量是领域专家所无法企及的,可以有效解决标准适用性分析中专家依赖性强、结论片面等问题,从而为标准化分析创造新的研究手段。

2.2　标准知识图谱对政府监管的促进作用

2.2.1　提供标准化执法依据

当前,政府各项工作制定为标准逐渐成为常态,尤其在公共管理和社会服务领域制定了很多成熟的标准,这些标准在政府监管中起到了重要作用。标准知识图谱能够准确、高效地为政府监管部门提供诸如国家标准或行业标准要求、标准化政策文件要求等来自标准化工作方面的执行依据。例如,以往对空调外机的安装情况进行集中整治时,政府监管部门主要从国家、省(自治区、直辖市)、市发布的各项法律法规、规章制度及其他各类文件中找寻执法依据,很少从国家标准、行业标准和地方标准中找寻相关规定,这主要是由于在获取、收集、整理和查找相关标准时需要耗费大量人力。通过构建标准知识图谱,并运用基于标准知识图谱技术的智能检索功能,相关政府部门可以方便地从标准中查询执法依据,促进政府监管工作。

2.2.2　助力标准实施监督

根据《中华人民共和国标准化法》,地方政府标准化行政主管部门有对标准的实施进行监督的职责。由于我国现行的国行标体系十分庞大(现行有效的国家标准约 4 万条、行业标准约 7 万条),地方政府标准化行政主管部门开展标准实施监督工作时,面临着不知道对哪些标准的实施情况进行重点监管、某项工作执行时应当符合哪些标准的要求等问题,给标准化行政主管部门履行标准实施监督职责带来了一定困难。

标准知识图谱技术能够清晰地指出标准监管对象、列出标准要求清单,或者提供标准相关要求的主题检索和自动推送服务,大大提高标准化工作效率,提升标准实施监督工作的广度与深度,更好地发挥标准化的抓手作用,助力社会"高质量发展"。

2.2.3　促进标准监督抽查

2015 年以来,国家实施企业标准自我公开声明制度,由企业主导落实企业标准的制定和实施工作,明确了企业对自身标准负责的主体责任。这一制度落实后,由于程序上不再要求企业标准强制到地方政府标准化行政主管部门备案,各家单位的企业标准质量参差不齐的问题进一步凸显。对此国家市场监管总局出台文件,要求各地标准化行政主管部门开展企业标准监督抽查工作。

企业标准监督抽查工作的关键步骤是寻找产品的上层标准,即与产品有关的国家标准、行业标准及其他相关标准作为监督评价的依据。标准知识图谱技术的运用可以精准地找出相关标准,以及标准中的关键指标,大大提高监督抽查工作的效率。

2.2.4 推动对标达标提升行动

"百城千业万企对标达标提升"专项行动的主要任务是推动一大批企业将企业执行标准的指标与国外先进标准指标进行比对,通过提升自身的技术要求水平,实现产品质量的提高。

落实对标达标工作的一个重要环节是制定对标技术方案,标准知识图谱技术能够实现标准主题相关内容的检索与自动推送,为对标方案的制定提供支撑,促进企业对标达标工作的开展。标准知识图谱技术的应用有助于清晰显示比对双方标准的技术指标内容,有效推动标准比对工作,助力"百城千业万企"对标达标专项行动。

2.3 标准知识图谱对企业发展的促进作用

2.3.1 促进企业完善自身管理质量和水平

企业标准体系的建立和运用可以有效指导企业标准化建设,把企业各方面的工作纳入规范化轨道,为企业提供有利环境,对促进企业技术全面进步、提升企业管理水平具有重要的作用。

通过对国内外不同领域、不同行业、不同类型的管理标准及其实施效果进行知识建模,可为企业建立自身的基础保障标准体系提供技术参考。除此以外,使用标准知识图谱的用户可以将标准实施中的岗位落实、监督检查、符合性检查、评价等内容输入现有的知识图谱中,从而保证企业发现自身标准体系存在的问题和弊端并及时进行调整和完善,保证标准体系动态更新、高效运行。

构建企业内部标准体系对于企业来说,是提高整体绩效、推动企业健康良性发展的必不可少的关键因素之一,但很多企业也缺乏标准制定经验,制定企业内部标准体系对于很多企业无异于天方夜谭。标准知识图谱可以帮助缺乏标准制定经验的企业快速建立涉及规划计划、企业文化、人力资源、财务审计、设备设施、质量管理、安全健康等诸多方面的基础保障标准体系,帮助企业保障生产、经营、管理有序开展,助力企业完善自身管理质量和水平,提高企业生产效率和运营活力。

2.3.2 促进企业确定最优化产品质量目标

产品质量是企业市场竞争力的重要方面,同时企业产品质量提升需要大量知识积累和资金投入。制定符合顾客和市场需求的产品质量目标,是企业在市场上赖以生存的根本,也是企业质量管理和其他各项管理的最根本依据。标准知识图谱技术应用可以在多方面对企业最优产品质量目标产生积极影响。标准知识图谱可以根据大量国内外不同领域、不同行业的产品质量标准进行知识建模,实时跟踪并更新相关标准的制修订情况,帮助不熟悉标准规范的企业快速了解相关产品的国内外产品质量标准,支撑企业制定满足自身技术水平和市场需求的产品质量目标,提高企业拓展国内外市场的竞争力。

标准知识图谱技术通过知识图谱算法完成知识推理和知识计算,可实现对隐性知识的发现与挖掘,如关键性能指标对比分析、标准测试方法可行性分析等新知识,从而有利于企业获取技术溢出,提前布局,掌握行业核心前沿,实现"蛙跳"式超越,增强企业国际竞争力。

2.3.3 促进企业优化供应链结构

依赖于标准知识图谱技术的知识网络功能,标准知识图谱技术能进一步延伸到行业上下游,从而助力企业优化供应链结构。

标准知识图谱知识融合技术可将标准规范图谱与产业链图谱进行交叉融合,通过知识计算建立与产业发展上下游依存关系密切相关的产业标准图谱链,分析产业链上下游产品的标准依赖关系,有利于企业正确认识本产业链各环节的技术发展水平和产业链各环节的产品质量需求。

根据标准知识图谱技术对企业供应链结构进行分析,可以缩减企业生产运营成本,在提高企业的竞争力方面具有不可替代的作用。标准知识图谱依据本企业制定的产品质量目标,智能推送上下游产品涉及的相关标准及符合该标准产品的相关企业,一方面可以协助企业提高产品质量目标准确度,降低不合理性;另一方面有助于带动相同技术水平的产业链上下游企业深度合作,客观上带动整个产品供应链达到最优整合。

2.3.4 助力企业争夺国际话语权地位

标准话语权竞争是企业构建核心竞争优势的重要途径,是市场竞争的新特征,也是国家间竞争中新的争夺点。一项标准若能在标准竞争中脱颖而出,往往可以通过锁定效应和网络效应掌控整个领域的技术发展,抢占市场份额。从国家层面来看,一旦在国际标准竞争中落败,不仅意味着落败国主导的技术无法写入国际标准,迫使其技术发展受限,还有可能会遭受胜出国通过国际标准制造的技术性贸易壁垒,进而对相关行业造成全面打击。因此,各国已将标准竞争上升到战略高度,制定战略措施。

不论是国家还是企业,其标准竞争战略从选择到实施都离不开对标准竞争态势的准确、全面、及时把握。然而,传统的情报分析方式主要依赖于情报人员在海量信息里检索、筛选、处理有用信息,不仅效率低、实效性差,且容易因为情报人员自身素质的参差不齐从而出现不全面、不准确、不及时的情况,无法满足日益增长的标准竞争情报需求。

标准知识图谱通过智能分析能够快速处理海量信息,发掘信息间隐藏的关系,快速搭建知识链接,规避信息噪声,更加全面、快速、准确地分析标准竞争情报。同时,可视化的呈现方式也更加直观,便于决策者和实施者快速准确地理解标准竞争态势和标准知识,减少理解偏差,降低沟通成本,提升决策效率和执行度。标准知识图谱可以在企业和国家的战略评估、战略选择、战略动员和战略实施全生命周期中提供有效情报支撑。

具体来说,标准知识图谱可以帮助采用标准领导战略的龙头企业及时、全面地掌握国内外标准竞争态势,识别标准缺口和老化标准,准确定位自身优势,把握竞争优势和标准制定的主导权,推动新兴技术标准化、规模化、市场化,从而带动行业技术革新,促进行业健康快速发展。对于实施标准追随战略的企业来说,标准知识图谱能够以可视化的方式呈现相关标准间的关系和标准技术内容,便于企业理解、选择和实施更加适合的标准,推动标准的扩散,提升标准竞争力。

从国际标准竞争的角度来看,标准知识图谱可以快速捕捉国际标准化组织领导职务缺口,发掘技术委员会归属国更替节点,对比国内外标准差异,识别国内优势标准,探明竞争形势,提前"探路",为标准战略部署做好充分准备,从而全方位掌握标准竞争的主动权。不仅如此,标准知识图谱还可以发掘标准化活动的隐含信息,减少甚至消除过往因信息不对称、不全面、不及时而产生的知识盲点和信息盲点,从而提升捕捉更多先机的可能性。

标准知识图谱不仅能够通过加深企业对标准知识的理解,加强标准贯彻实施的力度,提升标准的竞争力,还可以在标准战略全生命周期提供强有力的情报支撑,从而促进企业技术发展,推动行业技术革新,提升国家竞争力。

2.4　标准知识图谱对产业发展的促进作用

2.4.1　促进新兴产业标准化体系建设

新兴产业是以重大技术突破和重大发展需求为基础,对经济社会全局和长远发展具有重大引领带动作用的产业,在新兴产业发展过程中,产业标准体系建立对于产业发展尤为重要:一方面,随着中国经济活跃度不断提升,新技术、新产品不断涌现,而相关领域的标准规范制定相对滞后,且未成体系,无法满足新兴产业发展的需要。另一方面,在产业的某些关键环节,我国参与的国际标准较少,严重削弱了我国产业的国际竞争力,影响了我国产业的安全稳定性。

标准规范知识图谱通过建立"产业、产品、标准"网络关系(见图2.2),智能化分析产业体系内的标准分布情况,促进新兴产业的标准化体系建设。

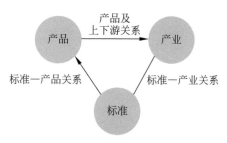

图2.2　产业—产品—标准关联关系

通过构建标准规范知识图谱,汇聚国内外标准数据,可以清晰地把握产业各环节的标准分布、标准薄弱或缺失环节等,并通过对标准的技术、工艺、设计等规范对比分析,精准指导新兴产业标准的制定方向,缩短标准制定周期,从而有利于相关标准在行业的快速运用,提高产业体系的标准覆盖度;同时统一标准的广泛运用又有利于进一步规范和促进新兴产业发展。

2.4.2　促进产业重点环节突破

核心技术和关键环节是产业发展和产业安全的重点,标准水平是产业技术发展水平的真实反映。目前,我国某些产业中涉及的关键技术或高端产品的标准与国外先进标准存在一定的差距。标准规范知识图谱可将标准数据以产业链图谱形式关联,结合产业研究进行产业价值链、技术链分析,识别产业重点环节。在此基础上,关联标准数据,即可掌握产业重点环节的标准制定情况、指导产业重点环节的标准制定并促进产业发展。

以集成电路产业为例,当前我国在光刻机、制造工艺等环节"卡脖子"现象严重,既存在技术专利缺失,也缺少可参考的标准,导致整个集成电路产业链都极为脆弱。通过集成电路的标准规范知识图谱分析,可以迅速发现当前我国集成电路产业链上下游除封测、设计外,尚有多少环节缺少国内标准。针对缺少标准的"卡脖子"环节,参考国际相关标准,结合我国产业发展实际情况,加速推动相关标准出台。同时,结合产业政策保障相关产业的安全有序发展,助力产业重点环节实现快速突破。

2.4.3　促进产业链协同发展

标准规范知识图谱可促进产业体系内部标准的协调配套,提升产业链的协同效率,促进产业高质量发展。以制造业为例,高端制造业是我国产业升级的重要方向,但相关产品间的协同配套不足限制了全产业链的升级。一方面,下游产业对产品提出了更高的标准要求,但是上游产业还在执行老旧过时的标准,无法及时响应下游产业的产品升级需求;另一方面,一些产品的国际标准的制定和更新较快,国内上下游配套产品的标准更新不及时也会导致产品的出口受阻、国际竞争力不足。基于标准规范知识图谱,可以直观了解产业上下游标准的现状及技术趋势,以指导标准制定部门及产业链相关企业快速响应产业升级趋势,及时安排技术攻关和标准升级,提高我国产业升级速度,增强产品竞争力。

标准知识图谱可以促进跨行业标准的协调配套,促进产业高质量发展。我国标准化事业已经形成了覆盖第一、二、三产业及社会事业领域的标准体系,做到了"有标可循""有标可依",但同时也出现了标准体系庞杂、系统性和协同性不足、跨界融合困难等问题。尤其对一些跨行业的产业而言,在不同的产品环节需要参考不同的行业标准,造成了标准交叉重复甚至相互矛盾的问题。而中小型企业往往缺少专家资源,跨行业标准知识盲区问题严重。这些企业内部人员不能完全掌握跨行业的产品涉及的标准,导致企业"有标难用",严重影响了企业的生存和产业链的健康发展。通过标准知识图谱将现有标准依据产业链进行关联,可精准定位相互矛盾的标准,并将"专家知识"融入知识图谱中,方便使用者检索、查询与学习,促进产业健康发展。

2.4.4　促进标准制定与产业创新融合发展

创新链是从科学思想萌发到科学技术产生经济社会价值的一系列创新活动的组合。产业链是由一系列具有上下游投入产出关系的生产过程所构成的链条。创新链发展水平低,会导致产业链发展缺少核心技术支撑,出现断点、堵点和短板,阻碍产业链升级;产业链带动创新成果的工程化和落地应用,是创新链落地生根的载体,同时也会对创新链发展提出新的需求,进而推动创新链升级并催生新的创新链,创新链依托产业链实现经济和社会价值。但是,创新活动主要以研发为基础,实现技术突破、获得创新性成果为努力方向;而标准化更注重技术、产品的安全性、可靠性和适用性,标准能否形成要取决于标准内容与市场需求的符合程度,这是科技计划执行与标准制订衔接困难的客观原因。在管理体制上,科技系统与标准化系统相对独立运行,仅在局部或点上互动,也难以实现科技与标准化融合发展。

标准规范知识图谱对于推动产业链与创新链深度融合提供了新的机遇,能够真正实现围绕产业链部署创新链、围绕创新链布局产业链,推动经济高质量发展。标准规范知识图谱结合专利数据,通过将前沿技术快速标准化,使先进技术快速广泛应用,发挥产业创新的"火车头"作用,带动产业快速高质量发展。

具体来讲,标准规范知识图谱建立了标准数据、产品、产业三者的关联关系,而专利知识图谱可建立专利数据、产品、产业的关联关系。标准规范知识图谱结合专利知识图谱,可打通专利与标准的关联关系,如图 2.3 所示。在知识图谱上分析标准与专利的衔接情况,推动重点产品和关键性技术同步标准化,加速科技创新与标准制定的融合发展。

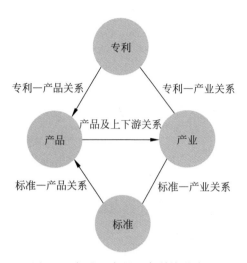

图 2.3   标准—产品—专利关联关系

2.4.5   推动产业链与标准链融合发展

标准链是体现标准的研究制定、标准的贯彻实施与监督任务的标准化工作链。只有当标准的研究制定、标准的贯彻实施和对标准的实施情况进行监督的标准链的三个环节都能正常、有效运行时,才能体现完整和有效的标准的意义。因此,标准链发展水平的高低会影响产业链升级、产业安全和产业链是否正常运转。

通过标准规范知识图谱可以将标准链各环节的标准知识进行知识关联,并应用到产业链的上下游端,有利于充分发挥标准的综合作用,促进产品质量的提升和技术进步,推动产业链与标准链的融合发展。

本章主要介绍了标准知识图谱的作用,重点从标准化工作、政府监管、企业发展、产业演进四个方向,描述了标准知识图谱可以发挥的作用和价值。标准知识图谱对标准化工作的提升作用,主要体现在可以提升标准编制智能化水平,提高标准技术审查质量,提高标准检索应用水平等方面。标准知识图谱对政府监管的促进作用,主要表现为提供精准的标准化执法依据,助力标准实施监督,推动对标达标提升行动等方面。标准知识图谱对企业发展的促进作用,主要表现在促进企业完善自身管理质量和水平,促进企业优化供应链结构,助力企业争夺国际话语权地位。标准知识图谱对产业发展的促进作用,主要表现在促进新兴产业标准化体系建设,促进产业重点环节突破,促进标准制定与产业创新融合发展。

第 **3** 章

标准知识图谱技术

本章主要介绍标准知识图谱数据概述、构建原则、构建技术、构建工具、维护以及质量评估,其核心构建技术主要涉及标准知识建模技术、知识抽取技术、多模态处理技术、知识存储技术、知识补全技术、知识推理技术等,具体的技术框架如图 3.1 所示。

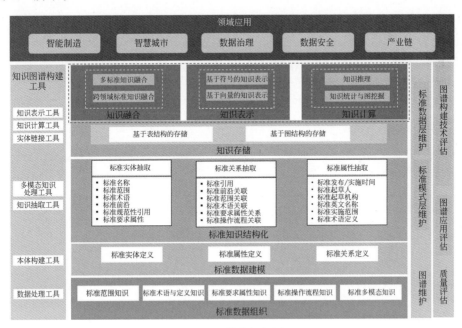

图 3.1 技术框架图

3.1　标准知识图谱数据概述

3.1.1　标准数据定义

（1）标准实体定义

实体，一般指具有可区别性且独立存在的某种事物。在标准知识图谱中，标准实体主要指标准文档、规范性引用文件、术语、具体标准要素等实体。

（2）标准属性定义

属性，一般指用于区分标准概念的特征。在标准知识图谱中，其标准属性主要包括但不限于：标准版本号、标准英文名称、适用范围、发布日期、所属行业及颁发机构等。

（3）标准关系定义

标准关系，一般指标准实体之间关系的抽象。根据定义的标准实体、属性概念可以列举一些如表 3.1 所示的标准关系。

（4）多模态标准实体和关系定义

多模态标准实体指来自不同源的标准文档，通过融合不同模态下的标准知识而形成的实体，例如文本模态实体、图像模态实体、音频模态实体和视频模态实体等；多模态标准关系指通过不同模态下的标准实体之间存在的联系，借助多模态关系抽取算法，定义的不同模态间的关系，例如文本-视频关系、文本-音频关系、视频-音频关系等。

表 3.1　标准关系

实　　体	〈关系〉	实体/属性
标准	引用	标准
标准	发布/实施/批准日期	时间
标准	起草/制定/发布/解释机构	组织机构
标准	拥有	术语
标准	执行依据	法律
标准	简称	标准简称
标准	施行过程	方法
标准	实施范围	适用范围
标准	修订	内容

3.1.2　标准数据组织

在标准知识图谱中，依据标准数据中不同的数据结构特点可划分为不同类型的标准知识组织形式，其中主要包含标准范围知识、标准术语知识、标准过程知识及标准多模态知识等，以下聚焦介绍四种标准数据组织下的标准知识。

（1）标准范围知识

标准范围部分主要包含四个部分，即标准规定范围、标准适用范围、标准涉及范围、标准不涉及范围。虽然标准范围有部分术语为非结构化的文本数据，但其具有明显的描述范式，如①"本标准规定了×××"，其中×××一般为本标准规定的场景、方法、条件等；②"本标准适用于×××"，其中×××为本标准适用的环境、产品等；③"本标准不涉及×××"，其中×××为领域、导则等。

（2）标准术语知识

标准术语知识主要包含英文名称、术语定义、术语修饰三个部分。其中，英文名称表示当前术语的英文名称；术语定义表示当前术语的定义；术语修饰表示对术语定义进行的修饰。具体标准术语与定义的知识抽取例子如下，在标准文件YY 0469—2011中的术语描述文本为："合成血液 synthetic blood 一种与血液表面张力及黏度相当的、用于试验的合成液体"。在这段文本中，"合成血液"是标准文件中所定义的术语，"synthetic blood"是术语的英文名称，则"合成血液"与"synthetic blood"所形成的关系就称为英文名称；"合成液体"是"合成血液"的定义，则"合成血液"与"合成液体"所形成的关系就称为术语定义；"一种与血液表面张力及黏度相当的、用于试验的"是对术语定义"合成血液"的修饰，则"合成血液"与"一种与血液表面张力及黏度相当的、用于试验的"所形成的关系就称为术语修饰。对此，该标准术语与定义可以抽取出三个三元组知识，分别为〈"合成血液""英文名称""synthetic blood"〉、〈"合成血液""术语定义""合成液体"〉及〈"合成血液""术语修饰""一种与血液表面张力及黏度相当的、用于试验的"〉。

（3）标准过程知识

标准过程知识主要指标准起草或使用过程中对相关标准知识操作使用的相关知识。比如在标准文件GB 2626—2006中的检测方法流程描述文本："a）在(38 ± 2.5)℃和(85 ± 5)％相对湿度环境放置(24 ± 1) h；b）在(70 ± 3)℃干燥环境放置(24 ± 1) h；c）在(30 ± 3)℃环境放置(24 ± 1) h。使样品温度恢复至室温后至少4h，再进行后续检测。"在这段流程描述文本中，"检测方法"为一个流程，隶属于"标准GB 2626—2006"，则"检测方法"与"标准GB 2626—2006"所形成的关系就称为"标准关联"；且"检测方法"中包含具体步骤："a）在(38 ± 2.5)℃和(85 ± 5)％相对湿度环境放置(24 ± 1) h"；"b）在(70 ± 3)℃干燥环境放置(24 ± 1) h"；"c）在(30 ± 3)℃环境放置(24 ± 1) h"；"使样品温度恢复至室温后至少4 h，再进行后续检测"。则"检测方法"与具体步骤所形成的关系就称为"具体流程"。因此，此流程文本中，可抽取的实体关系三元组分别为〈检测方法，术语关联，本标准GB 2626—2006〉、〈检测方法，具体流程，a）在(38 ± 2.5)℃和(85 ± 5)％相对湿度环境放置(24 ± 1) h〉、〈检测方法，具体流程，b）在(70 ± 3)℃干燥环境放置(24 ± 1)h〉、〈检测方法，具体流程，c）在(30 ± 3)℃环境放置(24 ± 1)h〉及〈检测方法，具体流程，使样品温度恢复至室温后至少4h，再进行后续检测〉。

（4）标准多模态知识

标准多模态知识指标准文档的存在不同模态的内容，如文本模态及图像模态。多模态知识与传统知识的主要区别如下：传统知识主要集中研究文本模态下的实体和关系，而多模态知识在传统知识的基础上，构建了多种模态下的知识存储。第一，要确定多模态知识抽取的范围知识，即确定标准知识中对于标准要求的范围设定。第二，确定多模态知识术语和定义知识，完善多模态知识的本体架构。第三，确定多模态知识抽取的操作流程，完善多模态知识抽取的检验、测试、操作流程，收集多模态知识。第四，确定多模态知识属性要求，形成多模态语义关系，构建多模态语义关系图谱。

3.1.3　标准知识结构化

标准知识的结构化表示是知识图谱和多模态知识图谱能够被高效管理和应用的前提。对于图谱构建者来说，可以方便地描述相关领域知识；对于图谱使用者来说，可以直观地理解图谱含义；对于计算机来说，可以有效地组织和存储知识。

标准知识图谱用于描述标准领域中的概念、实体、关系和属性，其中的标准知识可以以三元组的形式表示，而标准知识图谱中知识结构化可以利用标准三元组图和标准属性图进行表示。三元组是一种知识表示模型，用于描述和表征特定领域资源的基本内容和结构。因此，标准领域内知识的结构化就可以通过三元组的形式来实现[1]。

如图 3.2 所示，展示的是某牙膏的属性关系图，××牙膏标准具有外文名、编号和生产日期等属性，中国具有外文名和人口数等属性，两个实体之间是生产地关系。

图 3.2　标准三元组图示例

但是，在这样的标准知识结构化过程中，节点的属性需要使用额外的三元组表示，其中的属性值是一些常量值，而各边的属性需要引入额外的节点，以该节点为主语的三元组来表示边的属性，这样就可以实现为原三元组增加节点属性和边属性的效果。

属性图也可以将标准知识结构化。它由一组节点集合和一组边集合构成，在属性图中，每个节点和每条边均含有唯一 ID 和类型标签；每个节点和每条边均含有一组属性，每组属性包括属性名和属性值；每个节点均含有若干条出边和若干条入边；每条边均含有一个头节点和一个尾节点。因此，属性图能够表达丰富的语义信息，而且没有改变图的整体结构。类似地，多模态知识属性图同样是由节点集合和边集合组成[1]，节点和边均具有类型标签，用来标识实体或关系的类型，节点和边均具有一组属性，每个属性由属性名和属性值组成，用来表示多模态实体之间形成的多模态语义关系。

如图3.3所示，每个实体及关系都有对应的唯一ID、类型名称和属性集合。

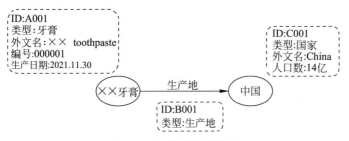

图3.3　标准属性图示例

但是在属性图中，节点和边都只能有一个类型标签，属性也只能有一个属性值。在实际业务场景中，也可以自适应地扩展到多个类型标签或属性值[2-3]。

3.2　标准知识图谱的构建原则

3.2.1　标准知识图谱构建规则

知识图谱的构建要遵循以应用为导向的原则，整个图谱的构建流程应由数据特性、业务发展需求、技术基础及应用场景来决定。标准文件具有数量巨大且不断更新迭代的特征，因此标准知识图谱的构建也应采取由点及面的迭代式螺旋发展模式，是一个持续完善的过程。

标准知识包含标准实体和标准关系。标准实体应该包含标准文件、标准对象、标准术语、标准要求方面和标准流程化方面、标准实体属性。标准实体关系包括标准关联、术语关联、技术要求关联和标准流程化关联。其中，标准关联描述的是标准对象与标准文件之间的关联关系；术语关联描述的是标准与术语的关联关系；技术要求关联描述的是标准与技术要求方面的关联关系；标准流程化关联描述的是标准文件与标准流程化方面的关联关系。

标准知识图谱在生产中发挥作用，首先必须保障图谱的质量。受限于当前自然语言处理的技术，完全自动化的方式难以得到较为准确的知识图谱；而完全依赖人工的构造方法虽然保证了准确性，但要花费大量人力和时间成本，尤其是对于数量巨大的标准文件而言，完全依赖人工的构造方法是不现实的。因此标准知识图谱应从原则上采取自上而下半自动化方式进行构建。

3.2.2　标准知识图谱构建流程

标准知识图谱构建流程宜采用自上而下的建模方式,再利用机器学习算法和规则引擎对标准数据进行知识抽取,对抽取后的数据进行实体链接、知识融合、知识推理和质量评估得到标准知识图谱,并随着标准数据的迭代进行知识更新,如图 3.4 所示。

图 3.4　标准知识图谱的构建流程

标准知识图谱构建的基础是本体构建。本体构建是搭建标准知识图谱的知识框架,涉及标准知识图谱的范围及内部关联结构。本体构建的基本原则包括:①独立性原则:类(即核心概念,每个核心概念都有许多对应实例)可以独立存在,不依赖于特定的领域;②共享性原则:类可以是共享的,有被复用的可能和必要;③最小化原则:本体中包含的类的数据应尽可能最小化,去除冗余的类。在本体构建时,应考虑后续的知识扩展难度,以便后续现有标准的修改补充及未来标准的增加。

标准信息抽取是指基于标准知识图谱的知识框架,获取填充框架的具体知识内容,是标准知识图谱构建的必要环节。具体指利用规则引擎和机器学习技术,围绕标准知识图谱的模式层,从结构化、半结构化和非结构化的标准数据中,抽取出标准实体、标准实体属性和标准实体关系等数据实例。主要涉及实体抽取、关系抽取和三元组抽取等技术。

标准知识融合是指高层次的知识组织,是标准知识图谱构建的关键环境。使来自不同标准知识源的知识在同一框架规范下进行异构数据整合、消歧、加工、推理验证、更新等步骤,达到数据、信息、方法、经验以及人的思想的融合,形成高质量的知识库。

标准质量评估是标准知识图谱构建技术的重要组成部分,一方面可以对标准知识可信度进行量化,通过舍弃置信度较低的知识来保障图谱质量;另一方面可以对知识图谱在某一目标上的覆盖率进行统计,以评估是否满足某些应用目标的需要。

标准知识推理则是标准知识图谱构建的必要补充,是在已有的标准知识库基础上进一步挖掘隐含的知识,一方面可以丰富、扩展知识库;另一方面可以满足高层次的知识应用。知识推理的对象可以是标准实体、标准实体的属性、标准实体间的关系、本体库中概念的层次结构等。

标准知识更新是标准知识图谱应用中的迭代构建循环步骤,标准知识更新包括标准模式层的更新和标准数据层的更新:①标准模式层的更新是指新增数据后获得了新的模式,需要自动将新的模式添加到知识库的模式层中。②标准数据层的更新主要是新增或更新实体、关系、属性值,对数据层进行更新需要考虑数据源的可靠性和数据的一致性,选择将可靠数据源中高频出现的事实和属性加入知识库[4-5]。

3.3 标准知识图谱的构建技术

3.3.1 标准知识建模技术

标准知识图谱的建模逻辑结构主要由标准模式层和标准数据层组成。三元组表示的标准实体关系构成了标准数据层,即形式化为〈标准实体 1,标准关系,标准实体 2〉或者〈标准实体,属性,属性值〉的三元关系。其中,标准实体是指标准体系文件中的某种可区别且独立存在的事物,比如某个特定的标准对象、某个特定标准事项等。标准数据层之上则是标准模式层,大多利用本体库进行管理。知识的类别体系、每个类别下隶属的概念和实体、某类概念和实体所具备的属性及概念之间、标准实体之间的语义关系都包含在本体库中,同时也包括定义在该本体上的某些推理准则。标准知识建模就是建立标准知识图谱的数据模式,也就是在模式层中构建一个本体,用来描述目标知识。

标准知识模型的构建可分为四个阶段:标准知识识别、标准知识模型创建、标准知识模型验证和标准知识模型维护。其构建的流程如图 3.5 所示。

图 3.5 标准知识建模流程

在标准知识建模框架中,可以利用不同的构建方式进行,虽然不同的建模框架具体实现方式和内容不尽相同,但其基本要求殊途同归。因此在标准知识建模中,有两点构建原则需要遵循以帮助进行标准本体构建。

(1)能够应对结构化、大规模和抽象化的知识体系构造需求。能够支持自动化工程技术,利用一系列算法和构建工具的集成知识管理,详细分析知识密集型任务和过程。此外,还可以支持知识工程方法学的若干原理,包括组织模型、本体模型、任务模型、知识模型、业务模型和通信模型,每一个模型偏重一个领域,综合起来就提供了一个可视化的结果。

(2)能够支持标准工程模型,以在建立标准知识体系时对标准知识进行抽取、结构化及存储实现。将整合生命周期法、原型法、形式化描述技术的优点作为目标,由此开发出一个连贯的知识工程过程框架。它和先前框架技术的主要区别在于其整合了原型化开发方法及支持增量式和可修改的系统开发过程。它把上面的知识模型看作它的通用模型样式,兼顾支持从半表示结构模型到结构化模型的转化,支持增量式和可修改的标准系统的关键在于不同表示层次之间的平滑过渡。

另外,现有标准知识建模方法在不同方面皆有一些欠缺,如语义网络、概念图等虽然可以较为明确地表现不同知识间的联系,但是系统性较弱,知识表现较离散;知识框架模型较好地阐释了知识的不同层次框架,然而整个知识模型的专用性较强,不足以顺利地为其他系统所用。因此,在标准知识建模过程中,可采用不同的建模方式进行框架构建。

3.3.2   知识抽取技术

随着人工智能技术的高速发展,"信息爆炸和知识缺乏"的矛盾愈发凸显。通过标准知识抽取技术从海量异构标准数据中自动、快速、准确地抽取用户感兴趣的知识并将其以结构化的知识存储起来,是解决上述矛盾的有效途径之一。

在标准知识图谱构建过程中,知识抽取主要针对结构化、半结构化、非结构化等多源异构数据进行自动抽取,从中抽出候选标准知识要素。对于不同类型的数据,知识抽取的方法、关键技术和难点问题不尽相同。面向的标准知识抽取技术主要包含:

(1) 非结构化数据抽取

非结构化数据一般是指自然语言文本数据,相较于其他两类数据的抽取任务,非结构化数据抽取是最困难的,往往需要借助自然语言处理技术对数据进行语法和语义分析。非结构化数据的知识抽取包括实体抽取[6]、关系抽取[7]、属性抽取[8]和事件抽取[9-10]等。

(2) 半结构化数据抽取

半结构化数据是介于非结构化数据和结构化数据之间的一类数据,其具有某种结构特征,但是结构多变且数据模式不统一,如表格、列表等。随着互联网技术的发展,半结构化数据资源量增长迅速,以维基百科等百科类数据为代表,基于此类半结构化数据进行知识抽取成为一项重要研究内容[11]。目前,百科类互联网数据为大规模知识图谱的构建提供了重要的数据源,如基于维基百科构建了典型大规模知识库 DBpedia。除百科数据外,普通的网页数据也具有一定的结构,也属于半结构化数据,从网页中进行知识抽取通常需要通过网络爬虫来实现。

(3) 结构化数据抽取

结构化数据是指结构样式统一的数据,其布局结构良好,可以通过模板读取数据中包含的属性和属性值(如关系型数据库等),结构化数据中蕴含的专业知识可以作为构造领域知识图谱的重要数据来源,因此从结构化数据中进行知识抽取是获取知识的一种重要手段。R2RML 和直接映射语言是两种常见的映射语言,通过直接的或者自定义的映射规范,可以将关系型数据库中的结构化数据转为 RDF数据、OWL 本体等。

尽管面向标准知识图谱构建的知识抽取技术有了一定的研究和实践基础,但仍然面临以下挑战：一是基于开源数据的数据清理，如何对海量异构数据进行筛选、清洗以提高知识抽取的准确率和召回率是基于开源数据进行知识抽取时必须要考虑的问题；二是基于不同语言的知识抽取，很多基于英文的研究成果并不可以直接使用，从而导致在建立大规模中文实体和关系提取系统时增加了难度[12]，因此基于中文的知识抽取的技术进步也必将丰富各类知识图谱的知识内涵；三是基于特定领域的知识抽取，面临的问题是与该领域相关的数据相对稀疏，使得使用基于训练语料的抽取方法变得困难，如何在语料稀疏情况下提取特定领域的实体和关系也是研究的一个重点；四是属性抽取方法的系统性有待加强，在学术层面上提高属性抽取的系统性和增强可移植性，是属性抽取的进步方向。下面列举标准知识抽取的典型技术。

1. 命名实体识别（Named entity recognition）

命名实体识别，又称实体抽取，是指从自然语言文本中自动识别出命名实体以构建知识图谱中的"节点"。标准实体抽取的质量和效率对标准信息抽取的后续任务影响极大，因此标准实体抽取是标准数据信息抽取最基础和关键的部分。早期的实体抽取方法多采用人工制定的启发式规则[13]，成本高且可扩展性差。随着深度学习方法的发展，研究人员提出了许多基于深度神经网络的 NER 模型[14-16]。这些模型具有三个优势。第一，基于深度学习 NER 模型可以利用深度学习非线性学习的特点生成从输入到输出的非线性映射。与基于机器学习算法的 NER 模型（如 log-linear HMM 和线性链式 CRF[17-18]）相比，基于深度学习模型能够通过非线性激活函数从数据中学习更加丰富的语义特征。第二，基于深度学习的模型不需要通过过于复杂的特征工程，就能实现模型的自动提取文本特征。相比于基于特征的方法减轻了繁琐的人工特征提取过程。第三，基于深度学习的 NER 模型具有端到端学习的特点，即从测试样本的输入到命名实体的输出，中间过程无须人工干预。同时，随着预训练语言模型的提出，基于语言模型的 NER 方法则是将预训练模型与规则相结合构建多分类模型来进行实体的识别与检测[19-20]。该类方法以预训练模型（如 BERT）为基础，利用实体识别任务的标注语料对预训练模型进行选择性微调（fine-tune），最后根据预设的本体对给定文本进行实体抽取；本体构建的粗细粒度决定了标准规范文本抽取的知识的粗细程度。

结合标准规范数据特点和本体定义的粗细粒度程度，采用命名实体识别技术对标准文档的文本内容实现自动的实体抽取。图 3.6 所示的标准文档为国家标准 GB 19083—2010 技术要求章节内容，可以根据标准文档的目录结构及语言描述特征，采用基于规则的命名实体识别方法抽取出标准描述对象"医用防护口罩"，以及对应的部件实体，如"鼻夹""口罩带"。同时，根据不同的应用需求会形成不同粒度的本体构建，从而决定命名实体抽取的粗细程度。其中，对于粗粒度本体构建方式，实体"口罩带"的技术描述可以形成两个属性，分别为"口罩带应调节方便"及"应有足够强度固定口罩位置。每根口罩带与口罩体连接点的断裂强力应不小于

10N",以形成可视化的标准子图谱,如图 3.7 所示。对于细粒度本体构建方式,对实体"口罩带"的技术要求描述将会进一步细化实体类型。识别出新的标准描述对象部件"口罩带"及"口罩带与口罩体连接点"与其具有的属性"断裂强力应不小于10N",其可视化的标准规范子图谱如图 3.8 所示。

图 3.6　国家标准 GB 19083—2010 技术要求章节

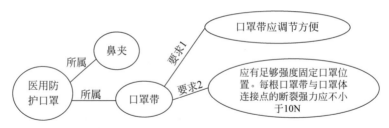

图 3.7　标准对象实体及标准对象部件粗粒度实体抽取示例图

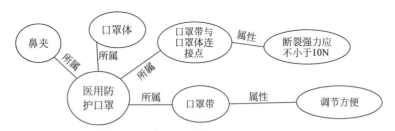

图 3.8　标准对象实体及标准对象部件细粒度实体抽取示例图

因此,所抽取的实体种类及粗细粒度依据不同的本体构建方式。针对标准规范文件的命名实体抽取,可以根据文件本身具备的结构特征进行初步的知识抽取;而对于描述型文本的标准内容,需要采用机器学习、深度学习等主流命名实体识别模型进行识别。

2. 实体消歧（Entity disambiguation）

实体消歧是将文本中出现的命名实体映射到一个已知的无歧义的结构化知识库中的技术，如"苹果"可能指的是"苹果（水果）"，也可能是"苹果（公司）"。按照有无目标知识库划分，实体消歧包括基于无监督聚类的实体消歧和基于实体链接的实体消歧（有目标知识库或知识图谱）。

基于知识库的实体消歧，采用深度学习模型自动学习实体和实体指称项的表示，之后训练一个排序模型来选择排序 top1 作为目标实体，或者训练一个二分类模型来判断实体和实体指称项是否相同。由于候选实体和实体指标项的上下文信息较多，一般采用注意力机制来自动注意上下文中的重要信息。此外，实体消歧技术还涉及对文档内所有实体指称项进行协同链接，这是因为一个文档中的实体指标项是有关联的，比如一个文档内提到了"苹果"和"乔布斯"，那么这个"苹果"很大概率为"苹果（公司）"。

3. 属性抽取（Attribute extraction）

属性是描述实体内在本质必不可少的信息，对知识图谱的应用具有重要价值，引起了研究者的广泛关注。属性抽取可以表示为⟨实体，属性，属性值⟩这种三元组形式，如图 3.8 中的⟨口罩带，属性，调节方便⟩就是一个三元组。

属性抽取根据人工参与度方法可分为三种：以模式匹配为主的无监督方法、以训练模型为主的监督方法、自动构建训练语料的弱监督方法。

基于模式匹配的无监督方法是从描述实体及其属性的语句中总结句法模式或进行依存关系解析来抽取三元组。比如从图 3.6 中的描述"口罩带应调节方便"可以总结出"【实体】应【属性值】"。

3.3.3 多模态处理技术

标准知识图谱的构建和应用涉及多种模态的信息处理。每一种信息的来源或者形式都可以称为一种模态，标准图谱技术所涉及的信息媒介有语音、视频、文本等。与标准知识图谱密切相关的技术主要有多模态知识表示技术、多模态知识抽取技术、多模态对齐与融合技术及多模态实体链接技术。

（1）多模态知识表示技术。多模态知识表示有两种方法，第一种是符号知识表示法：其核心思路是延续知识图谱的基本数据模型，在 RDF 框架下，对已有知识图谱实体及语义关系进行扩充，使其变为多模态知识图谱，或者在构建知识图谱的过程中就实现不同模态实体的抽取，以及构建跨模态语义关系。在此过程中，需要定义知识图谱中多模态数据的"模式"或"描述符"，也就是针对不同模态实体的概念、实体之间关系类别及实体属性信息[21]。多模态知识表示的另一种方法是神经表征方法，其核心思路是将多模态信息（与标准规范的结构化知识图谱、文本、图像等）中所蕴含的实体及语义关系抽象为实值向量[22]。当多个模态共存时，需要同时从多个异质信息源提取多模态实体和语义关系的特征，进而利用不同多模态数据之间的互补性,剔除模态冗余性,从而实现多模态知识实值向量中蕴含不同模态数据的共同语义和各自特有特征。

(2)多模态知识抽取技术。传统知识抽取仅针对文本模态信息,然而目前标准信息呈现多模态化,很多研究者采用了深度学习方法从多模态数据中抽取信息,在实体挖掘[23]、关系挖掘[24]、实体消歧[25]等任务上相比于传统的仅仅基于文本的方法取得了更好的知识抽取效果。其核心思路是借助最新的深度学习模型,对标准图片、音频等标准多媒体数据和文本采用相同的学习框架分析。例如在图文多模态任务上,可以采用 ResNet 模型的输出向量作为图片表示,再利用 Transformer 模型将其与文本嵌入共同处理。使用多模态信息抽取技术可以有效地利用各个模态之间的互补优势,从而获得更高质量的抽取效果。如图 3.9 所示的标准文件中的 3-D H 装置构件图,大量使用多模态数据现象尤为明显,除文字描述外,大多数实体介绍页面都包含图像和视频。多模态描述提供了更加全面的描述,可以更好地从实体中提取实体的属性。以图 3.9 为例抽取标准知识视觉实体的描述信息、位置信息和实体之间的视觉关系描述。本视觉模态标准知识包含以下实体:3-D H 装置实体、背板构件实体、头部空间探测杆实体、大腿杆实体和小腿夹脚量角器实体等。通过标准视觉多模态知识抽取,可以得到视觉模态标准知识中所有视觉实体的实体描述、位置编码和关系描述。

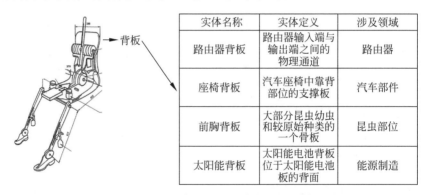

实体名称	实体定义	涉及领域
路由器背板	路由器输入端与输出端之间的物理通道	路由器
座椅背板	汽车座椅中靠背部位的支撑板	汽车部件
前胸背板	大部分昆虫幼虫和较原始种类的一个骨板	昆虫部位
太阳能背板	太阳能电池背板位于太阳能电池板的背面	能源制造

图 3.9　3-D H 装置构件图与对应的知识图谱可视化

(3)多模态对齐与融合技术。多模态对齐负责对来自同一个实例的不同模态信息的子分支/元素寻找对应关系[26]。这个对应关系可以是时间维度的,例如电影画面—语音—字幕的自动对齐;也可以是空间维度的,比如图片语义分割尝试将图片的每个像素对应到某一种类型标签,实现视觉—词汇对齐。多模态融合负责联合多个模态的信息,进行目标预测,如分类或者回归。按照融合的层次,可以将多模态融合分为对原始数据进行融合、对抽象的特征进行融合和对决策结果进行融合。使用多模态对齐技术可以将不同知识图谱之间相同意义的实体对齐,从而达到多个知识图谱融合的目的。

(4)多模态实体链接技术。多模态实体链接的输入包含不同模态的上下文,可以利用同一实体在不同模态中语义表示的一致性,共同学习实体特征表示,并将其链接到相应的知识图谱实体。多模态实体链接在基于知识的标准规范模态融合任务(即多模态检索和多模态事件提取)中起着至关重要的作用。其主要包括多模态实体发现和多模态实体消歧两个任务,多模态实体发现[27]的目标是通过构建的多模态实体发现模型,识别每种模态下可能存在的所有知识图谱实体。相比于现有的文本模态实体发现模型,多模态实体链接的特点在于使用不同特征提取算法的模型来解决多模态实体发现任务;多模态实体消歧任务的目标是通过构建的多模态实体消歧模型,将每种模态下可能对应的相同知识图谱实体进行匹配,一同链接到知识图谱上。不同模态的实体在表达形式上可能是异构的,但是不同模态的实体在语义空间上是相同的。首先提取不同模态下实体表示特征[28],借助高效的表征描述不同模态下的实体,然后基于不同模态的实体特征表示链接算法,使不同模态下的实体可以跨模态匹配,同时链接到知识图谱中来,实现多模态实体链接任务。

　　使用多模态实体链接可以将不同模态下的相同实体进行链接,从而达到知识图谱与非结构化数据链接的目的。将标准规范视觉模态抽取出的标准知识和文本模态抽取出的标准知识进行多模态实体链接,获取同时存在于两种模态下的标准知识实体。其中实体包括视觉模态实体链接“背板构件”和文本模态实体“背板构件实体”链接到知识图谱实体“背板构件”实体,视觉模态实体“小腿夹脚量角器”和文本模态实体“小腿夹脚量角器实体”链接到知识图谱实体“小腿夹脚量角器构件”实体等,关系包括〈3-D H 装置,包含,背板构件〉和〈3-D H 装置,包含,小腿夹脚量角器构件〉等。最终链接结果如图 3.10 所示。

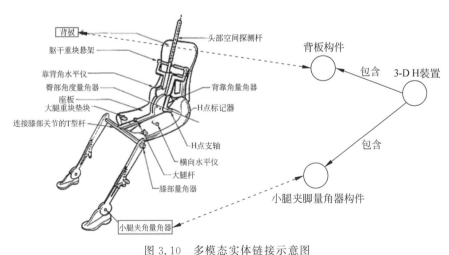

图 3.10　多模态实体链接示意图

3.3.4　知识推理技术

标准知识图谱的推理技术包含传统的知识推理技术及基于表示学习的知识推

理技术。传统的知识推理技术主要是基于逻辑规则与本体的知识推理,理论基础完善,拥有较好的可解释性。表示学习技术将知识图谱中的节点和关系进行连续向量空间的映射,将其物理表示映射为数值表示,然后再利用数学中的相关算法,通过数值计算的方式进行知识推理。

基于逻辑规则的知识推理技术包括一阶谓词逻辑推理、基于本体的知识推理。一阶谓词逻辑推理的目的是搜索图谱中的所有关系,并获得每个关系的子句集作为预测是否存在对应关系的特征模式,最后利用机器学习方法得到关系判别模型。其代表方法有一阶归纳学习。基于本体的推理方法主要利用更抽象的频繁模式、约束或路径进行推理。经典的方法有本体寻路算法,它通过一系列优化和并行化技术将其推广到 Web 规模的知识库中,之后轮流使用推理规则的关系型知识库模型,将挖掘任务划分为更小子任务的新规则挖掘算法。

基于表示的知识推理技术大体上可以分成两种思路,一种是基于张量分解的方式,一种是基于能量函数的方式。基于张量分解的思想是用多个低维的矩阵或者张量来代替原始的关系矩阵,从而使用少量的参数代替大量的原始数据。基于能量函数的方法的核心思想是利用不同的下游任务,为当前的表示学习定义能量函数,通过能量函数的定义,我们希望的是合理的三元组的能量函数值高,不合理的三元组的能量函数值比较低。经典的方法有 Trans 系列的方法、Structured 方法和 LF 模型等。

3.3.5　知识补全技术

由于标准体系是在特定行业、一定范围内的标准集合,根据其本身的内在逻辑联系所形成的科学有机整体。标准体系由于其整体性、集合体、目的性、可分解性、相关性及适应性六大特征,呈现出层次结构或线性结构。但是,由于其所承载的知识体系内容繁多,同时具有跨学科跨领域、增量更新逐步完善的特性,标准的建立与解析过程通常无法做到面面俱到,使得所涉及的标准文件及标准体系通常不能构成自身完备性。在构造与使用标准知识图谱时,利用知识图谱技术的补全与推理能力,可以对标准体系所缺失的知识内容实现补全。从技术角度,标准知识图谱的补全需要从两个维度实现,分别为实体维度与概念维度。

实体维度补全技术:通常是针对知识图谱资源描述框架中的元数据补全与新实体发现。元数据的补全,即“实体—关联—实体”三元组中对实体或者关系的补全,主要是通过基于图结构的知识查询与推理实现,通常有随机游走(random walk)、统计关联学习(statistical relational learning)、知识表示学习(knowledge representation learning)等实现途径。随机游走方法是基于概率图模型的知识推理方法,其代表性方法包括页面排名(page rank)与路径排序算法(path ranking algorithm,PRA),针对标准知识之间的关联通过多路径方式预测,实现标准知识图谱的补全。知识表示学习主要针对标准知识图谱的三元组图形化结构所不可避免存在的计算效率低、数据稀疏的问题,将实体—关联的高维语义信息表征为低维向量,从而通过如余弦相似度等高效数值计算方法,增强语义信息的表达能力,通过对稀疏矩阵或张量的补全技术,实现稀疏知识图谱的补全。代表性的知识表示学习补全技术包括词向量法、矩阵分解法、结构嵌入表示法、张量神经网络法等。

概念维度补全技术:知识图谱中的实体具有对应的属性与关联,此外,还可以关联到概念维度的知识,也就是类型。因此,概念维度的补全就是对标准知识图谱实体的类型信息进行预测与补全,通常根据所采用的技术分为描述逻辑、机器学习、表示学习三种推理方式。①基于描述逻辑的类型推理技术:通常以公理体系为基础,通过实例学习的方式,基于逻辑推理技术实现知识类型的预测,代表性方法包括描述逻辑学习器(description logics learner,DL-Learner)、形式化概念方法(formal concept analysis,FCA)、统计分布方法(statistical distribution type,SD-type)等;②基于机器学习的类型推理技术,根据对象与方法的不同,包括基于内容、链接与统计关联学习的三种推理方法,分别是利用实体描述信息、将实体间链接作为特征来实现分类或聚类、利用关系的最大似然估计建模,代表性的方法包括贝叶斯网络、马尔可夫网络、隐马尔可夫模型、随机文法等;③基于表示学习的类型推理技术,将实体知识类型的预测建模为分类问题,基于深度神经网络自动从实体、属性及关系中抽取特征,并实现类型的预测,目前为了提升模型的可解释性,领域知识与注意力机制被引入建模过程。

3.3.6　知识存储技术

3.3.6.1　知识存储概述

知识存储是将有价值的知识以一定的数据模型保存到适合介质中的过程。标准知识存储技术则是针对各类标准知识的表现形式,合理地设计底层存储模式,实现对大规模多样化标准知识的存储、管理、查询和分析。标准知识存储技术服务于各类标准知识对象,包括标准实体知识、标准关系知识、标准事件知识、标准时空知识和资源类知识等,标准知识存储质量将直接影响基于标准知识的各类上层应用的效率。

针对标准知识存储模式的设计,必须以标准知识应用和知识对象为导向。在多源异构的标准知识数据和复杂的应用场景下,单一的存储介质难以实现全面而有效的支撑,往往需要组合多种存储联动以支撑标准知识存储。在标准知识存储中,可以根据标准知识对象和应用需求,将常见的存储模式分为知识图谱存储、时空知识存储及资源类知识存储等,不同存储之间以唯一标识符或链接的形式实现相互映射[29],如图3.11所示。

结合标准规范知识的数据特点,可开展针对标准知识的存储设计。基于知识图谱存储技术实现对标准实体及标准之间的关系的存储,用于支撑标准的信息查询、关联分析、计算挖掘等。基于时空知识存储实现对标准相关的制定修改事件、

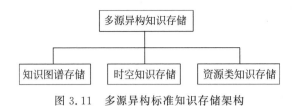

图 3.11　多源异构标准知识存储架构

关键政策、相关公告等知识的存储，用于支撑标准的时序演进分析、未来标准方向决策分析等。基于资源类存储实现对标准相关的大批量文件、音频、视频等知识的存储，用于支撑对标准的多媒体资料的快速检索和查阅。

3.3.6.2　知识图谱存储技术

标准知识图谱存储是将标准知识图谱中的实体、关系、概念等元素以图数据模型的形式保存到存储介质中的过程。标准知识图谱的主要图数据模型包括 RDF 图和属性图，RDF 是 W3C 指定的在语义万维网上表示和交互机器可理解信息的标准数据模型。基于 RDF 的标准知识图谱存储设计的重要原则是对标准数据的易发布及共享，通过三元组的形式来存储标准数据。在标准 RDF 三元组集合中，每个标准作为一个 Web 资源，具有一个 HTTP URI 作为其唯一的 ID；一个基于 RDF 的标准知识图谱图定义为不同标准三元组〈主语，谓语，宾语〉的有限集合。基于属性图的标准知识图谱存储一般是通过图数据库[30]，聚焦于高效的标准知识查询和搜索，其节点和边分别代表标准实体和标准之间的关系，且实体和关系上均具有属性，在实际应用时更容易表达基于标准的复杂业务场景，其框架如图 3.12 所示。

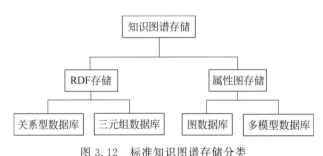

图 3.12　标准知识图谱存储分类

基于 RDF 的标准知识图谱主要包括基于关系数据库的存储方案和面向 RDF 的三元组数据库。基于关系数据库的存储方案主要包括三元组表、水平表、属性表、垂直划分、六重索引等，通过不同关系表设计来支撑对标准数据的存储和关联。常见的开源数据库包括 PostgreSQL 和 MySQL 等，商业数据库包括 Oracle，DB2 和 SQL Server 等。面向 RDF 的三元组数据库则根据标准 RDF 的表达形式和应用场景进行针对设计，支撑 RDF 结构下各类标准知识的高性能存储和高效查询。主流的开源 RDF 三元组数据库包括 Jena，RDF-4J 和 RDF-3X 等，商业数据库包括

AllegroGraph 和 GraphDB 等。

基于属性图的标准知识存储主要分为图数据库和多模型数据库。其中图数据库主要指仅提供图存储模式的数据库,如 Neo4j,JanusGraph,TigerGraph 等。而多模型数据库指提供多数据模型(图、文档型、键值型、关系型等)存储能力的数据库,如 ArangoDB,OrientDB,CosmosDB 等。图数据库和多模型数据库又可以根据是否提供原生图存储能力,分为原生图存储和非原生图存储[31],原生图存储根据图的结构对标准知识数据进行存储,在标准知识图谱的关系遍历和路径搜索类查询应用中具有最佳的性能;非原生图存储则依赖非图存储(关系型、键值型、列式)结构进行存储,未针对图操作进行优化。

3.3.6.3　图数据库及其能力

图数据库是一种使用图结构进行存储和查询的数据库,其数据模型主要包含点、边和属性,支持对标准知识进行查询、增加、更新、删除等操作。图数据库是一种非关系型数据库,相比传统的关系型数据库,能提供更为丰富的关系展现方式,针对高度互联标准知识数据的查询能够进行快速响应。根据 DB-Engines 的统计数据[32],随着图数据库逐渐成为主流,图数据库所支持的能力越来越被重视,良好的图数据库能力能够为标准知识提供全方位的存储服务支撑。图数据库在满足标准知识快速查询、写入、修改、删除等操作的基础上,也越发重视赋能标准知识计算、标准知识融合等场景。以下列举部分图数据库所提供的能力。

(1)标准知识存储分布式架构。以 Neo4j 为代表的单机图数据库无法适应标准知识图谱不断增长的数据规模,分布式图数据库架构[33]则区别于单机图数据库,为标准知识存储提供了线性扩展能力,在保持高性能的基础上,为百亿、千亿、万亿级标准知识存储提供了可能性。

此外,基于分布式架构的图数据库通常通过分区分片机制提供强大的扩展性,标准知识数据经由分区分片机制扩展到分布式集群的各节点,并在此基础上提供节点的扩缩容,使得图数据库具备系统级动态伸缩能力。当前相当多的图数据库已经通过分布式架构为标准知识图谱提供可扩展的底层存储支持。

(2)标准知识存储高可用。图数据库服务不可避免地存在宕机、服务故障的可能,因此当前图数据库往往采用高可用技术为标准知识图谱提供可靠的存储服务。单机图数据库通常无法提供高可用能力,而分布式图数据库通过主从架构或者共识算法,在部分节点出现故障的场景下,能够为标准知识图谱系统继续提供服务。

图数据库服务高可用只能保障服务能力,数据方面仍旧需要提供标准知识数据高可用能力。图数据库通常通过副本机制实现标准知识数据高可用能力,提高标准知识图谱数据存储的可靠性。

(3)标准知识存储数据一致性。数据一致性是分布式系统,特别是分布式存储系统设计中的重点问题。数据一致性主要分为强一致性、单调一致性、会话一致性、最终一致性和弱一致性,图数据库作为标准知识图谱的底层存储,需要考虑标准知识数据的一致性问题。数据一致性体现在对标准知识图谱的数据保障能力,在标准知识图谱存储选型中需要考虑标准知识数据存储阶段对存储后端的一致性要求,合理设计标准知识图谱存储架构。

(4)标准知识存储事务能力。标准知识图谱通常采用 OLAP 的方式进行知识操作,但是某些场景仍旧需要 OLTP 的能力,在这种情形下,作为标准知识图谱存储后端的图数据库也需要提供事务的能力。图数据库事务与关系型数据库类似,需要遵循 ACID(即原子性、一致性、隔离性和持久性)特性以提供事务的支持[34]。并且不同的图数据库系统提供对事务的隔离级别支持不同,包括读未提交、读已提交、可重复读和可串行化四种,标准知识图谱存储后端设计需要根据场景选择合适的事务隔离级别。

(5)高性能标准知识查询。图数据库系统提供图查询功能,包括标准知识数据的查询、增加、修改、删除等基本操作,支持节点、边及属性的精准查询,同时,也应支持建立范围查询、模糊查询等索引机制,为标准知识图谱提供更多标准知识查询能力。常用的有子图匹配查询、多阶扩展查询、实体推演查询,从而在丰富的标准知识数据中发现更多启发性的规律。海量标准知识数据往往对查询的性能要求更高,分布式查询引擎能够做到秒级返回查询结果,提供高性能的查询方式。

(6)标准知识存储优化。图数据库通常对标准知识存储进行针对性的优化[35],包括原生图存储、数据压缩、数据缓存、介质感知等技术。其中原生图存储是指以图的方式进行数据存储的模式,其区别于传统基于非原生图存储的模式,在标准知识数据操作方面具有极高的性能提升;在数据压缩方面,由于标准知识数据通常存在大量的数据冗余,采用合理的数据压缩技术,能够提升标准知识图谱的数据吞吐能力并降低标准知识存储所占用的存储空间;在数据缓存方面,与传统关系型数据库类似,通过内存缓存和淘汰算法,极大地降低标准知识图谱的 I/O 延迟;在介质感知方面,图数据库通过对介质的识别能力,将数据分区分片合理分配在不同的介质当中,充分利用介质性能并降低标准知识图谱的存储成本。

(7)标准知识存储工具。采用图数据库作为标准知识存储的第一步往往是导入海量的标准知识数据,为上层用户提供一种便捷的导入工具往往事半功倍,一方面提供更加便捷的数据入口,另一方面工具的性能往往更高,加快数据入图的速度。除导入工具外,标准知识图谱也常常使用图数据库的导出工具,导出子图进行图分析。

(8)标准知识存储安全。标准知识图谱的运维管理中,对于安全要求很高,约束用户使用图数据库的权限,识别和拒绝非法用户,进而提高标准知识图谱的安全性,避免出现严重的安全事故。此外图数据库通过其他安全措施,包括节点的安全告警、状态监测等提高标准知识图谱的安全能力。

3.3.7　其他技术

现有知识图谱表示模型通常只关注在单一视图,即实例层面或者本体层面,联合知识图谱涵盖两个或多个层面的信息,存在相互增强促进的作用,因此一种新的双视图(联合)知识图谱表示模型被提出来生成更好的节点和关系的表示。毫无疑问,上述两个层面共同学习表示会提供更全面的视角。一方面,实例表示为其相应的本体表示提供详细而丰富的信息。另一方面,概念表示提供了其实例的高级总结,这在处理观察不充分的实体时将提供极大的帮助。

跨视图关联模型通过捕获来自相应概念实体的实例来实现两个视图之间的连接和信息流,视图内模型则关注知识库的每个视图上的实体/概念及关系/元关系。跨视图关联模型的目标是基于知识库中的跨视图链接,捕获实体嵌入空间与概念嵌入空间之间的关联,两种对此类关联进行建模的探索技术分别是跨视图分组和跨视图转换。视图内模型的目的是在两个向量空间中分别保留知识图谱的每个视图中的原始结构信息。由于实例视图中的关系和本体视图中的元关系的语义含义不同,因此为每个视图提供单独的处理,而不是将它们组合为单个表示模式将更为合理,从而提高下游任务的性能。

3.4　标准知识图谱的构建工具

3.4.1　本体构建工具

本体是一种共享化的、概念化的形式描述,要用提前规定的语言对其进行表示或描述。本体理论和技术的研究过程涌现出多种描述语言,例如,基于谓词逻辑的描述语言,通过形式化表示实现计算机的自动化处理。但是,对于有些概念及其关系,难以用谓词逻辑准确地进行表示,具有一定的局限性。基于网络的描述语言是本体构建语言的基础框架,其他类似工具基本是基于三元组的进一步扩充,并继承了三元组的语法和表达能力。在面向标准的知识图谱中,常见的本体构建工具有:

(1) Protégé。该软件由斯坦福大学医学院生物信息研究中心开发,是基于Java语言的本体编辑和知识获取软件,主要用于构建语义网中的本体,是该领域的核心开发工具[36]。此外,该软件还提供本体概念、关系、属性及实例的构建的功能,并屏蔽了具体的描述语言,用户只需要在概念层次上进行目标领域本体模型的构建。

(2) D2R工具。它旨在自动地将关系型数据库发布为链接数据[37]。它的输入为关系数据库,输出为链接数据(结构化本体),用户为本体工程师。它的主体架构主要包括 Server,Engine 及 Mapping 语言。其中,Server 是一个超文本传输协议接口,主要提供对三元组数据的查询访问接口;Engine 使用一个可定制的Mapping 文件将关系型数据库中的数据转换成三元组格式,它的映射语言定义了将关系型数据转换成三元组格式的映射规则。

（3）Ontolingua。该工具是斯坦福大学知识系统实验室建立的一个本体开发环境，基于面向对象的框架视图来表示和浏览知识；浏览器使用了超链接，使用户可以方便快速地从一个术语跳到另一个术语，还可以看到信息是如何推导的。该工具为用户提供的与工具服务器的交互模式为：远方的用户通过使用网络浏览器浏览、构建及维护存储于服务器的本体。允许多个用户在共享会话上并发处理同一本体；远程应用可以进行互联网查询、修改服务器上的本体；用户可以将本体转变为特定应用使用的格式。

3.4.2　数据处理工具

数据处理工具是标准数据集成中一个主要工具，它与工作流引擎和元数据管理相结合，提供对不同数据源的数据进行抽取、转换、装载及清洗的功能。该工具用于将数据从业务系统抽取并转化为数据仓库的过程，子过程包括数据的抽取、数据的转换、数据的装载及数据的清洗。标准数据处理是构建数据集成平台的重要内容，是构建数据仓库的基础，是数据仓库从业务系统获取数据的必经之路。用户可以从数据源提取出所需的数据并进行数据清洗，最终按照预先定义好的数据仓库模型将数据装载到数据仓库中。在标准知识图谱中，常用的数据处理工具如下：

（1）DataStage。它是IBM的一套数据集成软件平台，可对多种操作数据源的数据抽取、转换和维护过程进行简化和自动化，并将其输入数据集或数据仓库目标数据库[38]。支持从简单到高度复杂的大规模数据进行收集、变换及分发，管理收集到的数据及定期或按调度接收的数据。它使用户能够通过对大量数据进行高性能处理，解决大规模的业务问题，通过利用多处理器硬件平台的并行处理能力，可以扩展为满足日益增长的数据量需求、严格的实时需求和不断缩短的批处理需求。

（2）Kettle。是一款国外开源的ETL工具，其数据抽取高效稳定[39]。目前包括四个产品：Spoon，Pan，Chef及Kitchen。Spoon基于图形界面来设计ETL的转换过程。Pan可以批量运行由Spoon设计的ETL转换结果，它是一个后台执行的程序，没有图形界面。Chef可以创建任务并允许任务开放每个转换、任务及脚本等，有利于自动化更新数据仓库。Kitchen可以批量使用由Chef设计的任务，它也是一个后台运行的程序。

（3）Talend。它是一家针对数据集成工具市场的开源软件供应商，为企业提供开源的中间件解决方案，从而让企业能够在他们的应用系统及数据库中赢取更大的价值。可支持提供封闭、私有的解决方案的领域Talend系列软件以开源的形式进行开发。它可运行于Hadoop集群之间，直接生成MapReduce代码供Hadoop运行，从而降低部署难度和成本，加快分析速度。Talend还支持可进行并发事务处理的 Hadoop2.0。

3.4.3 知识抽取工具

在标准知识图谱构建中,知识抽取工具包括实体抽取工具和关系抽取工具。

实体抽取,又称命名实体识别,即从原始语料中自动地识别出命名的实体。实体是知识图谱中最基本的元素,实体抽取的完整性、召回率、准确率等将直接影响知识图谱的质量,因此,实体抽取为知识抽取中最为关键的步骤。目前,几乎没有只使用统计模型而不利用规则知识的实体识别系统,在很多情况下使用的是混合方法,例如,①统计学习方法间或内部的层叠融合。②规则、词典与机器学习之间的融合,在统计学习方法中引入部分规则,将机器学习与人工知识结合起来。③将各类模型与算法结合起来,将上一级模型的结果作为下一级模型的训练数据。在标准知识图谱中,常用的知识抽取工具如下:

(1) Hanlp。它是自然语义公司主导开发并开源的 Java 工具包,旨在普及 NLP 在生产环境中的应用,具有性能高效、功能完善、语料时新、架构清晰、可自定义的特点。它虽然主要面向中文或英文,但很多 NLP 模型或者模块是与语言无关的,因此很多子工具包可以复用。

(2) CoreNLP。它由斯坦福大学主导开发,可以把原始英语文本作为输入,输出词的基本形式;判断词是否是公司名、人名等;规格化日期、时间、数字量;剖析句子的句法分析树和词依存;指示哪些名词短语指代相同的实体[40]。

(3) LTP。它是哈尔滨工业大学开发的一套中文语言处理系统,制定了基于 XML 的语言处理结果表示,在此基础上提供了一整套自下向上的、高效且丰富的中文语言处理模块。

实体关系是两个或多个实体间的某种联系,用于描述客观存在的事物之间的关联关系。预定义关系抽取是指系统所抽取的关系是预先定义好的,如上下位关系、国家-首都关系等。在限定域关系的抽取中,关系类别一般是由人工定义或者从现有知识图谱中进行自动获取。因此,其主要研究内容是如何通过有监督或弱监督方法来抽取预定义的实体关系。开放式关系抽取不抽取关系类别的预先定义,而是由系统自动地从文本中发现并抽取关系。由于并没有预先定义关系的类别,因此,开放域关系发现是利用关系指示词来代表关系的类型。在标准知识图谱中,常用的实体关系抽取工具有:

(1) DeepKE。它是浙江大学基于深度学习的开源中文关系抽取工具,以统一的接口实现了目前主流的关系抽取模型。包括卷积神经网络、循环神经网络、注意力机制网络、图卷积神经网络、胶囊神经网络及使用语言预训练模型等深度学习算法。后续仍将持续更新,添加如端到端实体关系联合抽取等新模型。

(2) DeepDive。它是斯坦福大学 InfoLab 实验室开发的一个开源知识抽取系统。这种工具通过弱监督学习,从非结构化的文本中抽取结构化的关系数据,并判断两个实体是否存在指定的关系,具有较强的灵活性,可以自己训练模型。

（3）OLLIE。它是华盛顿大学研发的一个自动识别并提取英文句子中的二元关系的开源工具,其中目标关系未被提前定义,使用类似于树状结构的表示。因此,该模型可以提取长范围的实体关系。

3.4.4　实体链接工具

实体链接处理的信息包含机构、地址、名称在内的命名实体,它的研究目标是将非结构化文本中的信息指向其表征的现实社会实体,并链接到对应的知识实体库中,以解决命名实体中的歧义性和差异性问题等。实体链接问题的核心算法包括两个方面：实体消歧和候选实体生成。实体消歧主要是利用实体集合中实体的相似性进行计算和排序,筛选出 Top-N 对应的实体过程。候选实体生成通过标准文本中的事项,生成实体知识库中的相似实体集合。候选实体生成需要比较高的准确率,目的是召回尽可能多的可能链接对象,以提高实体链接结果的准确度,尽可能排除不相关的实体类型,减少实体集合计算量。在标准知识图谱中,常用的实体链接工具有：

（1）XLink。XLink 是基于跨语言知识库 XLORE 的实体链接系统,用户输入一篇文本文档(如新闻、博客等),XLink 识别出文档中的实体并链接到 XLORE 相对应的实体上[41]。实体链接将文本信息和知识库桥接起来,为文本理解提供了外部知识,同时,帮助读者理解有歧义的、生僻的实体,提高文本理解能力。

（2）YahooFEL。它是雅虎的开源轻量级多语言实体链接工具,将实体链接到文档和查询中的知识库(维基百科),是一款无监督、准确、可扩展的多语言实体名称识别和链接系统,同时包含英语、西班牙语和中文数据包。在算法上,它使用了实体嵌入和高效聚类等方法来实现高精度。该系统通过使用压缩数据结构和主动散列函数以实现低内存占用和快速执行。实体嵌入是基于向量的表示,它捕获上下文中引用实体的方式。目前,快速实体链接器是仅有的三个可用于多语言实体命名识别和链接的系统之一。除了独立的实体链接器,这一软件还包括了可用于创建和压缩来自维基百科的不同语言中的词/实体嵌入和数据包等工具。

（3）TagMe。它是当前流行的实体链接服务之一[42],具有非常好的性能,特别是在注释短文本时(即由几十个术语组成的那些)。简单来讲这个工具主要解决一段文本当中的概念标注问题,任意一段文本当中需要提取相关的概念来对整段文本进行分析,因此筛选出来的概念既要满足"可查询"还要满足"无二义性",这个注释过程的含义远远超出了用解释性的链接来丰富文本,因为它涉及语境化,在某种程度上,也涉及对文本的理解。

3.4.5　知识表示工具

知识表示是知识工程的关键技术之一,主要研究用什么样的方法将解决问题所需的知识存储在计算机中并便于计算机处理。表示学习的目标是通过机器学习或深度学习,将研究对象的语义信息表示为稠密低维的实值向量。其目的是对不同粒度知识单元进行隐式的向量化表示,以支持大数据环境下知识的快速计算。目前,Bordes 等提出的 TransE 表示技术是平移模型的代表,之后有大量的工作对 TransE 进行扩展和应用,如通过优化向量化表示模型,结合文本等外部信息、应用逻辑推理规则等方法,提升表示学习效果,以表示更复杂的关系。

此外,在标准知识图谱中,知识表示工具 OpenKE 是一个开源的表示学习平台[43],它由 THUNLP 基于 TensorFlow 工具包开发。在 OpenKE 中,平台提供了快速和稳定的工具包,包括最流行的知识表示学习方法。该框架具有容易拓展和便于设计新的知识表示学习模型的特点。该框架有如下特征:拥有配置多种训练环境和经典模型的简易接口;对高性能 GPU 训练进行加速和内存优化;高效轻量级的 C++ 实现,用于快速部署和多线程加速;现有大规模知识图谱的预训练嵌入,可用于多种相关任务;长期维护以修复 bug,满足新需求。

3.4.6　知识计算工具

知识计算是传统人工智能研究的一个重要领域,是指研究知识表达、获取、推理等方面的计算问题。近年来,机器已经基本具备了能听、能看、能读的能力,借助知识表示技术实现了对数据的语义表达,从而具备了知识存储的能力。然而,计算机要真正具备语言理解能力,并解决现实问题,知识计算能力是必不可少的,而且计算是具有领域特征的。在人工智能的研究中,基于符号的推理可以从一个已有的知识图谱出发,利用规则推理出新的实体间关系,还可以对知识图谱进行逻辑的冲突检测。基于统计的方法通过统计规律从知识图谱中学习到新的实体间关系。在标准知识图谱中,常见的知识计算工具如下:

(1) HermiT。它是使用 OWL 编写的本体论的推理工具。给定一个 OWL 文件,这种工具可以确定本体是否一致,识别类之间的包含关系等。它是第一个公开可用的 OWL 推理器,基于一种新颖的"超高级"演算,提供比任何以前已知的算法更有效的推理。以前需要几分钟或几小时进行分类的本体通常可以以秒来进行分类,并且它是能够对一些本体进行分类的第一推理器。

(2) CLISP。这是知识计算中非常重要的工具,同时也是基于生成式的前向推理引擎,可以处理众多知识推理任务,并且能够映射到搜索平台上来运行。除此之外,它还可以处理很多标准领域里的计算任务,只要应用系统能够提供该平台上的特有计算规则。有了这些规则后,就可以对 OWL 形式给出的本体进行推理。它的优势在于推理机是开源的,只要用户提供相同的计算规则,就能够进行不同领域的计算工作,而且使用者能够对推理机的计算能力进行扩展。但是,此工具仍有一些不足之处,比如作为前向推理机,它实际上是用空间换时间,产生了大量的噪声数据,计算效率有时很低;同时,因其不具有提供针对各种特定标准领域的优化能力,使得计算效率很难优化。

3.4.7　多模态知识处理工具

目前,多模态知识处理工具主要分为两个方面:多模态实体链接工具和多模态事件抽取工具。多模态实体链接任务是利用不同的模态特征,即视觉特征、语言特征和知识图谱特征,将视觉场景中的对象映射到知识图谱中相应的实体。标准知识图谱中,常用的多模态实体链接和处理工具如下:

(1) VEL。它由东南大学多模态研究小组提出并研发,是一个基于 Python 的调用接口,可以实现输入不同模态实体描述,如视觉描述和文本描述,最终返回在两种模态下对应的知识图谱实体信息和描述。它以研究和教学目的为生,主要面向英文输入和标题描述,但它的很多 NLP 模型或者模块是语言无关的,因此很多工具包可以复用。

(2) GAIA。它是为多模态而设计的工具,正在许多领域迅速取代纯文本数据的方法。它从文本及相关的图像或视频帧中提取互补的知识,并跨模态整合这些知识。与之前研究的粗粒度事件类型相比,GAIA 采用了更丰富的本体来提取细粒度类型,这对场景理解和事件预测至关重要。一旦将实体添加到知识图谱中,它可以将每个实体从一个策划好的背景知识库链接到现实世界的实体。由于此任务的复杂性,它为每种粗粒度实体类型开发不同的模型。事件抽取研究在计算机视觉领域与自然语言处理领域上是独立的,主要区别在于任务定义、数据域、方法和术语,但是基于多模态数据的互补性和全局性,多模态事件抽取模型应运而生,旨在从多种模式中联合提取事件和参数。

(3) M2E2。它提出了一种基于弱对齐结构化嵌入的方法,用于从多种模式中提取事件和参数。复杂事件结构尚未被现有的多媒体表示方法所涵盖,因此它提出学习一个结构化的多媒体嵌入空间。更具体地说,给定一个多模态文档,它将每个图像或句子表示为一个图,其中每个节点表示一个事件或实体,而每个边代表一个参数角色。节点和边缘的嵌入被表示在一个多媒体公共语义空间中,节点表示和边缘表示通过训练来解决跨模式的事件共引用与匹配图像和相关的句子。

(4) VAD。它提出了一种集成显式视觉信息的多模态框架,以提高文本文档的多模态事件抽取性能。视觉信息作为辅助的外部知识,解决纯文本模态的歧义,提高多模态事件抽取性能。为了获取这些知识,它利用外部多媒体资源,如从大量新闻文章中抓取的图像和标题,构建一个自适应的、可扩展的可视化后台资源库,描述每个事件的多模态论元。它利用多模态感知器方法将从这些多模态论元中提取的视觉特征与其传统的文本对应物集成到一个多模态结构感知器模型中,最终进行多模态事件抽取任务。

3.5 标准知识图谱的维护

标准知识图谱的全生命周期大体分为标准本体构建、标准知识抽取、标准知识推理、标准知识融合、标准知识修订审核、标准知识维护、标准知识评价、标准知识共享、标准知识销毁。在整个生命周期管理中需要建立一套标准知识维护体系确保标准知识图谱的知识准确性和可用性,目前标准图谱的价值评估和成熟度评估缺乏完整的标准,标准知识图谱需要建立一套完整的知识维护体系来指导标准图谱评价,确保标准知识图谱可以成为行业标准典范。

3.5.1 标准数据层维护

标准知识图谱的维护需要确保标准知识的完整性、正确性及可使用性,标准知识从获取到应用的过程中需要建立整套质量维护体系,针对新的标准知识审计发布新的标准版本,从而错误的标准知识能够得到及时修订。

标准图谱数据层维护需要考虑图谱构建的事前、事中及事后的维护,这对于标准图谱知识评价非常重要,能够确保标准知识可用,数据轻量化不冗余。针对标准知识数据本身需要做冷知识维护,需要各领域参与并提供知识应用的利用率,针对热知识及时更新和完善,要求能够赋能到行业应用。

定期针对领域标准知识层做盘点,确定业务知识范围,构建标准知识体系目录,管理标准领域知识;同时需要标准知识使用者反馈使用日志,例如应用范围及下载次数等,通过引入区块链技术做到标准知识引用可追踪、可溯源,确保标准知识数据安全可控。

标准知识图谱需要确保安全可用,针对隐私化数据及时做审计脱敏,明确使用范围及版权责任。

3.5.2 标准模式层维护

标准模式层维护主要是对本体模型层的全生命周期的管理,整个生命周期可以分为标准本体模型构建、标准模型微调、标准模型审计、标准模型下线。标准知识图谱本体在全域知识图谱体系中的定位需契合通用标准本体库,并且能够尽量支持全行业共同制定通用本体。

通常行业领域发起第一个版本领域本体模型,可以称之为 V1 版本,作为该行业的某领域标准本体,行业参与者不断修复该本体,经过一个周期调整后初步确认本体标准,审核后可以提交为标准领域知识图谱本体正式版本;行业在申请使用时可以继承该通用标准本体。同时在行业使用时部分实体、属性、关系需要下沉到标准本体时,可以提交申请;标准知识图谱本体可以分版本不断发布优化,其中废弃的实体、属性和关系在确认后也可以经过审核销毁。

标准模式层的维护治理体系需要建立一套标准模型来定义标准类型,例如标准实体、属性和关系命名规则,以及明确实体内容;这不仅需要能够符合标准本体模型,而且还可以通过整体评估体系构建来确保标准本体模型的可用性、通用性及正确性。

3.6 标准知识图谱质量评价概述

3.6.1 标准知识图谱技术评估

(1)标准知识融合技术评估。标准知识融合技术将从标准数据中抽取的知识进行聚类融合。与传统知识图谱数据融合任务不同的是,标准知识融合可能使用多个知识抽取工具为每个数据项从每个数据源中抽取相应的值,而传统的数据融合未考虑多个抽取工具。由此,标准知识融合除了应对抽取出来的事实本身可能存在的噪声外,还比数据融合多引入了一个噪声,即不同抽取工具通过实体链接和本体匹配可能产生不同的结果[44]。

标准知识融合的评估主要包括以下方面:①能够支持标准实体、属性、关系的对齐和融合;②能够支持标准实体和属性的消歧;③能够支持标准实例和属性值的对齐。标准知识融合的评估技术以实现过程中的理论、框架、系统、流程、算法、要素等为研究重点,侧重各类技术方法的改进、创新与评估评价,为标准知识融合提供了技术评价参考。面向用户的标准知识融合研究瞄准团体需求,面向社会,实现标准知识融合的社会价值,为技术及其应用指明了方向。有了技术手段和目标,要取得好的效果,还要与良好的组织和管理相结合,使标准知识融合的过程有序、良性发展。对于标准知识融合的评价,缺少了任何一种学科评价视角,都是不完整的。因此,要构建一个完善的标准知识融合评价体系,就需要进一步开展跨学科的研究,吸收各领域研究中有特色和有益的成果。

(2)标准知识图谱存储技术评估。标准知识存储技术能够通过数据底层设计范式,实现对标准文本、文档数据的存储,以达到对标准图数据的高效管理[45]。如何对标准知识存储质量进行有效评价影响到标准知识图谱中标准知识计算、查询、融合及更新的效率。

标准知识存储相关技术评估包括以下四个方面。①能够支持大规模标准数据的存储。随着各领域标准数据的持续积累,各个领域方向的知识图谱数量与规模日益增长,单机系统的数据存储能力难以应对知识图谱数据的大规模增长。因此,标准知识存储的评价主要为如何利用分布式数据库系统来解决 RDF 数据的大规模增长问题。②高适应性的标准知识存储技术。随着知识图谱的规模越来越庞大、知识的表示方式越来越复杂,这对目前的标准知识存储方式提出了挑战。如何设计出可支持对复杂节点的定制、具有良好可伸缩性和灵活性的标准知识存储模式,满足复杂的查询、读取、计算和应用需求成为面向标准知识图谱的知识存储的迫切要求。③标准数据存储的通用性和灵活性。标准知识图谱供应方越来越倾向将自身的知识图谱数据表示成 RDF 格式并发布到互联网上。这些发布在互联网上的标准三元组数据共同构成了一个覆盖整个互联网的庞大知识图谱。为了让这个庞大知识图谱网络更加丰富和完善,实现这些标准数据集的相互链接以增强标准数据的通用性和可用性成为用户关心的主要问题。④支持超图研究和应用的评估。超图所拥有的简单图无可比拟的复杂关系表示方式,能更加全面详尽地描述业务、还原场景。但目前对超图的可视化表示方法还没有理想方案,推广到各领域进行工程化运用,无论在计算效率还是成本上都存在较大问题。但随着知识图谱的普及,未来对于复杂关系表示的需求,将逐步增多,超图技术的研究和应用探索将是标准知识图谱的下一个方向。

(3)标准知识建模技术评估。标准知识建模旨在构建标准知识的数据模型,确立标准知识图谱能够描述的标准知识。标准知识建模不一定需要本体的形式化表示[46],只需定义清楚标准本体概念、属性及它们之间的逻辑关系即可。标准知识建模的质量评价可以有效提高标准知识建模的效率,通常与实体对齐任务一起进行。其质量评价的作用在于可以对标准知识模型的可信度进行量化,通过舍弃置信度较低的知识来保障标准知识库的质量。

标准知识建模技术评估主要包括下面几个维度:①能够支持本体模型中对标准实体和属性的定义;②能够实现本体模型的不同约束条件;③满足自动或者手工修改标准本体模型;④能够支持 Schema 文件的常用功能,比如查询、修改等;⑤能够支持标准本体模型的可视化。标准知识建模是标准知识的逻辑体系化过程,是通过基于标准本体的知识表示方式获取标准知识语义的过程。其核心是将标准本体构建过程形式化为建立一个面向标准应用领域的本体模型过程,明确标准领域内的概念、术语及相互关系,实现标准元知识和知识源链接管理,为标准知识检索提供基础。

(4)标准知识表示技术评估。标准知识表示是标准知识图谱构建与应用的基础,设计高效的标准知识表示方案,是学界和产业界都关注的研究问题。在标准知识管理领域,标准知识表示侧重于表达实体、概念之间的语义关联,针对标准知识图谱的语义增强在未来依旧是知识表示的重要任务[47]。

标准知识表示的质量评估包括以下五个方面。①标准知识表示方法宜支持标准数据的图形化表示。标准知识的可视化具有形象性、逻辑性、系统性、表达上的简洁性等特点,它既有语言文字的抽象特征,又具有图像的形象特点,因而可以避免标准知识在捕捉隐含语义信息方面的不足之处。因此研究标准知识的可视化有助于标准知识表达性能的进一步提升,也是未来的发展方向。②能够支持标准知识的基本演化和推理。事理逻辑是一种非常有价值的常识知识,挖掘标准知识对规范领域和行业秩序具有重要的意义。标准文档之间可能会存在各类事件实体、事理逻辑关系,在标准知识图谱领域,能够支持标准知识的演化和推理是标准知识表示的重要内容之一。③能够支持标准知识的时间和空间属性。标准文件的使用者不仅会使用和关注当前已经形成的标准文档,更会关注在未来时间范畴内标准文档的延伸性。因此,在标准知识图谱构建中,时间或空间维度的标准知识表示是增强标准知识表达的有效方式,能够支持标准知识的时间和空间属性对构建标准知识图谱非常关键。④支持跨模态标准知识表示。当前的标准知识图谱主要以文本为主,事实上,跨媒体元素包括声音、图片、视频、音频等数据,对于丰富和增强知识图谱的知识表示具有不可替代的作用。⑤支持标准知识的三元组和向量化的表示形式,这对构建标准知识图谱具有重要意义。

（5）标准知识抽取技术评估。评价标准知识抽取技术性能的指标通常为准确率和召回率。准确率是指所有被抽取的标准知识中正确知识的占比;召回率是指正确抽取的标准知识占全部抽取知识的比例。准确率代表整体标准知识抽取的预测准确程度;召回率则代表在实际抽取的样本中被预测为正确的概率。为了平衡准确率和召回率评价指标,$F1$ 被专家提出来综合衡量知识抽取的性能。$F1$ 指标的核心思想在于,在尽可能地提高准确率和召回率的同时,也希望两者之间的差异尽可能小。$F1$ 适用于标准知识抽取中的二分类问题,对于多分类问题,将二分类的 $F1$ 延伸,提出了 Micro-$F1$ 和 Macro-$F1$ 两种度量标准。

目前标准知识抽取技术在人工智能时代取得了一些成效,但如何在特定的标准领域内将深度学习与神经网络模型优势相结合,提高标准知识抽取的泛化能力,值得更多深入探索。因此,面向特定领域、跨模态、跨行业等方向的标准知识抽取成为未来的研究方向[48]。

3.6.2　标准知识图谱的应用评估

标准知识图谱的用户是指利用标准知识图谱中的产品和服务帮助个人或团体实现目标和创造价值的人员或组织。标准知识图谱的应用评估是从用户角度出发,遵从用户的要求。

标准知识图谱的应用评价的内容主要包括：标准知识图谱的内容范围,包含图谱中的知识、数据和信息;标准知识图谱提供的服务,包括基于各类标准的关系挖掘、知识检索和信息推理等服务;标准知识图谱提供的业务应用,即基于行业标准的知识图谱能提供的满足业务场景的服务,输出满足特定业务场景需求的内容,满足知识驱动型应用场景。

标准知识图谱的应用评估主要是从用户的需求和感受出发,对标准知识图谱从应用、系统性能角度进行评估。第一是评估应用是否满足用户的习惯、用户的个性化订购模式,是否支持用户自定义输入输出,是否用户友好、操作方便灵活、操作风格一致、有完整准确的帮助和文档支持,错误提示清晰明确。第二是标准知识图谱的安全性,是否具有自动加密、解密,且附带多种对称和不对称解密工具包来支撑 API 调用,是否具有完善的认证和授权机制;是否保证数据的完整性、存储安全和传输安全;是否保证系统应用层安全,防攻击和防篡改等。第三是规范性,包括标准知识图谱的接口、代码命名规范、可读性等。从系统性能角度,对标准知识图谱的评估包括:①正确性,标准知识图谱是否合乎行业规范,并能正确地满足既定需求;②标准知识图谱的可靠性,包括容错性、故障恢复能力、可伸缩性等指标;③标准知识图谱的高效性,考核的关键指标包括最小响应时间、最大响应时间和平均响应时间等。

参考文献

[1] 王昊奋,漆桂林,陈华钧.知识图谱:方法,实践与应用[M].北京:电子工业出版社,2019.

[2] 赵军,刘康,何世柱,等.知识图谱[M].北京:高等教育出版社,2018.

[3] 肖仰华,等.知识图谱:概念与技术[M].北京:电子工业出版社,2020.

[4] 杨玉基,许斌,胡家威,等.一种准确而高效的领域知识图谱构建方法[J].软件学报,2019(10):2931-2947.

[5] 尹亮,何明利,谢文波,等.装备-标准知识图谱的过程建模研究[J].计算机科学,2018,45(S1):502-505.

[6] FINKEL J, GRENAGER T, MANNING C. Incorporating non-local information into information extraction systems by gibbssampling[C]//Proceedings of Annual Meeting on Association for Computational Linguistics,2005:363-370.

[7] 孙勇亮.开放领域的中文实体无监督关系抽取[D].上海:华东师范大学,2014.

[8] 蒋焕剑.基于深度学习的属性抽取技术研究[D].杭州:浙江大学,2017.

[9] ELLEN R. Automatically constructing a dictionary for in- formation extraction tasks[C]// Proceedings of the AAAI Conference on Artificial Intelligence,1993:811-816.

[10] JIANG J. Event IE pattern acquisition method[J]. Computer Engineering,2005,31(15):96-98.

[11] HOFFART J, SUCHANEK F M, BERBERICH K, et al. YAGO2:A spatially and temporally enhanced knowledge base from Wikipedia[J]. Artificial Intelligence,2013,194(1):28-61.

[12] 刘鹏博,车海燕,陈伟.知识抽取技术综述[J].计算机应用研究,2010,27(9):3222-3226.

[13] 张晓艳,王挺,陈火旺.命名实体识别研究[J].计算机科学,2005,32(4):44-48.

[14] LAMPLE G, BALLESTEROS M, SUBRAMANIAN S, et al. Neural architectures for named entity recognition[Z/OL]. arXiv preprint arXiv:1603.01360,2016.

[15] WANG B, LU W, WANG Y, et al. A neural transition-based model for nested mention recognition[Z/OL]. arXiv preprint arXiv:1810.01808,2018.

[16] SOHRAB M G, MIWA M. Deep exhaustive model for nested named entity recognition[C]//Proceedings of the 2018 Conference on Empirical Methods in Natural Language Processing,2018:2843-2849.

[17] EKBAL A, BANDYOPADHYAY S. Named entity recognition using support vector machine:A language independent approach[J]. International Journal of Electrical, Computer,and Systems Engineering,2010,4(2):155-170.

[18]　PASSOS A，KUMAR V，MCCALLUM A. Lexicon infused phrase embeddings for named entity resolution[Z/OL]. arXiv preprint arXiv：1404. 5367，2014.

[19]　王子牛，姜猛,高建瓴,等.基于 BERT 的中文命名实体识别方法[J].计算机科学,2019, 46(11A)：138-142.

[20]　杨飘,董文永.基于 BERT 嵌入的中文命名实体识别方法[J].计算机工程,2020,46(4)： 40-45.

[21]　WANG M，WANG H，QI G，et al. Richpedia：a large-scale，comprehensive multi-modal knowledge graph[J]. Big Data Research，2020，22：100159.

[22]　PENG YUXIN，ZHU WENWU，ZHAO YAO，et al. Cross-media analysis and reasoning： Advances and directions ［J］. Frontiers of Information Technology & Electronic Engineering，2017，18(1)：44-57.

[23]　ZHANG Q，FU J，LIU X，et al. Adaptive co-attention network for named entity recognition in tweets[C]//Thirty-Second AAAI Conference on Artificial Intelligence， 2018.

[24]　XIE R，LIU Z，LUAN H，et al. Image-embodied knowledge representation learning[Z/OL]. arXiv preprint arXiv：1609. 07028，2016.

[25]　MOON S，NEVES L，CARVALHO V. Multimodal named entity disambiguation for noisy social media posts[C]//Proceedings of the 56th Annual Meeting of the Association for Computational Linguistics，2018：2000-2008.

[26]　CHEN L，LI Z，WANG Y，et al. MMEA：entity alignment for multi-modal knowledge graph[C]//International Conference on Knowledge Science，Engineering and Management. Springer，Cham，2020：134-147.

[27]　LI P Y，WANG Y L. A Multimodal Entity Linking Approach Incorporating Topic Concepts[C]//2021 International Conference on Computer Information Science and Artificial Intelligence (CISAI). IEEE，2021：491-494.

[28]　TSAI Y H H，BAI S，LIANG P P，et al. Multimodal transformer for unaligned multimodal language sequences[C]//Proceedings of the conference. Association for Computational Linguistics. Meeting. NIH Public Access，2019，2019：6558.

[29]　黄恒琪,于娟,廖晓,等.知识图谱研究综述[J].计算机系统应用,2019,28(6)：1-12.

[30]　ZHANG Z J. Graph databases for knowledge management[J]. IT professional，2017， 19(6)：26-32.

[31]　BAJER K，SEIDLITZ A，STELTGENS S，et al. Graph Databases ［M］//The Digital Journey of Banking and Insurance，Volume III. Palgrave Macmillan，Cham，2021：35-49.

[32]　DB-Engines Ranking - Trend of Graph DBMS Popularity ［EB/OL］. https：//db-engines. com/en/ranking_trend/graph＋dbms.

[33]　FU Z，WU Z，LI H，et al. Geabase：A high-performance distributed graph database for industry-scale applications[C]//2017 Fifth International Conference on Advanced Cloud and Big Data (CBD). IEEE，2017：170-175.

[34]　TYAGI N，SINGH N. Graph database-An overview of its applications and its types[J]. International Journal of Computer Science Engineering Techniques，2017.

[35]　ELLITHORPE J. The Use of a low-latency key-value store for implementing a scalable and high-performance graph database[M]. Stanford University，2019.

[36] LENHARD J, ARONOFF S, BODE B, et al. Teplizumab for treatment of type 1 diabetes (Protégé study): 1-year results from a randomised, placebo-controlled trial[J]. Lancet, 2011, 378(9790): 487-497.

[37] THANOS P K, MICHAELIDES M, UMEGAKI H, et al. D2R DNA transfer into the nucleus accumbens attenuates cocaine self-administration in rats[J]. Synapse, 2010, 62(7): 481-486.

[38] 苏健伟. 基于 DataStage 的异构数据转换的研究与实现[J]. 中国新技术新产品, 2009(4): 1.

[39] https://baike.baidu.com/item/Kettle/5920713? fr=aladdin.

[40] ARNOLD T, TILTON L. CoreNLP: Wrappers around stanford CoreNLP tools[J]. 2016.

[41] JIN H, LI C ZHANG J, et al. XLORE2: Large-scale cross-lingual knowledge graph construction and application[J]. 数据智能(英文), 2019, 1(1): 22.

[42] FERRAGINA P, SCAIELLA U. TAGME: on-the-fly annotation of short text fragments (by Wikipedia entities)[C]// Proceedings of the 19th ACM Conference on Information and Knowledge Management, ACM, 2010: 26-30.

[43] HAN X, CAO S, LV X, et al. OpenKE: An open toolkit for knowledge embedding.

[44] 唐宏, 范森, 唐帆, 等. 融合知识图谱与注意力机制的推荐算法[J]. 计算机工程与应用, 2022, 58(5): 94-103.

[45] 彭成. 大规模知识图谱的分布式存储与检索技术研究[D]. 武汉: 华中科技大学, 2019.

[46] 陈雅茜, 邢雪枫. 基于本体建模的动态知识图谱构建技术研究[J]. 西南民族大学学报(自然科学版), 2021, 47(3): 310-316.

[47] 舒世泰, 李松, 郝晓红, 等. 知识图谱嵌入技术研究进展[J]. 计算机科学与探索, 2021, 15(11): 2048-2062.

[48] 庄浩宇. 基于深度学习的知识抽取技术研究[D]. 桂林: 桂林电子科技大学, 2021.

第 **4** 章

标准知识图谱应用

4.1 标准知识图谱应用概述

当今时代下,随着科学技术的迅猛发展,标准规范的数量和体量正爆发式增长,如何将海量标准文本构建成动态的知识体系及有效提取适配业务发展的高价值标准知识已成为当前标准化工作的重要议题。标准知识经过选择和应用,内化为隐性经验,并纳入知识体系,才能真正地创造财富。本章分别从标准知识图谱的功能与应用方向这两个维度进行阐述,如图 4.1 所示。

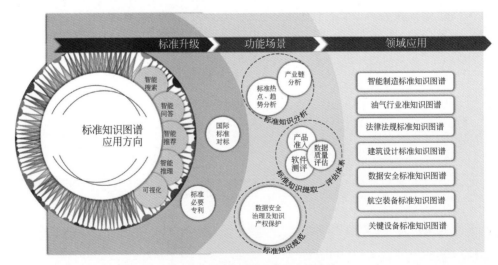

图 4.1 标准知识图谱的应用方向

4.2 标准知识图谱功能概述

标准知识图谱是一个庞大的系统知识库,是标准数字化过程中的关键技术,通过将感知智能与认知智能相关技术结合,构建标准知识关联体系,实现标准知识的语义化表示、机器可理解及推理可解释,为用户提供智能化系统性标准知识服务。

标准知识图谱的构建包括标准知识要素定义、标准知识要素关联关系定义、标准知识要素标注、标准知识要素关联等过程。由于标准的专业性及准确性,标准知识图谱构建需要结合使用深度学习方法、基于标准规则的方法和基于机器阅读理解等多种方法,并与标准专家形成人机协同构建模式,结合垂直领域信息抽取前沿技术(CloseIE)与大规模预训练语言模型(RoBert),运用在线学习(online-learning)等方法,实现不同标准、不同产品、不同指标的相互关联,运用包括图卷积(GCN)、路径探索等人工智能算法提高图数据库的计算能力,构建标准文件知识关联体系,具备机器可读的特性,为标准制定者及使用者提供标准智能语义检索、个性化推荐、探索式可视化关联分析、辅助决策等智能应用服务,极大地提升标准化工作效率,促进标准知识图谱赋能行业应用价值。

4.2.1 基于标准图谱的可视化

4.2.1.1 背景

标准文本中的数据繁杂、关联性复杂、知识碎片化程度较高,导致阅读效率偏低。借助标准知识图谱,可将标准内容中包含的复杂信息通过计算处理成结构化表示的知识信息,并通过图形形态展现,为用户提供直观、可解释性强的标准知识检索,以提供有价值的标准知识推荐服务。

标准知识图谱的可视化展示,是指采用可视化技术,挖掘、分析、构建、绘制和显示标准中所包含的知识及知识间的关系。借助可视化工具,把复杂信息以直观方式呈现,有效把握标准知识的属性及知识之间的逻辑关系。标准知识图谱提供了数据的全局视图和语义化的表达,给用户带来大数据驱动的决策能力。

4.2.1.2 应用

标准知识图谱的可视化展示,能方便地揭示标准与标准之间、标准与各个实体之间的关联关系。通过标准知识图谱的可视化展示,直观地将复杂的信息进行呈现,可对信息的整体关联情况进行有效把控,有助于推断新标准和旧标准之间的关系,同时可通过人机交互方式,在图谱中方便地查看各个节点的内容。

随着加入标准知识图谱的产业链、技术链、标准链的知识不断增加,图谱呈现的网络会随之变得复杂,图谱可视化一方面能够有效帮助标准决策方直观地了解产业、技术及标准的发展现状,进而促进各个标准体系的版本迭代;另一方面,可通过标准体系与标准知识图谱两种表现方式的融合,为标准用户提供更有价值的服务,例如提供成族群、成网络的标准知识服务等。

4.2.2　基于标准知识图谱的搜索、推荐、问答

4.2.2.1　背景

在全球数字化转型进程快速推进的背景下,能否加快行业数据、知识的积累与应用,在一定程度上决定了产业转型升级和高质量发展。如何有效推动"标准化"工作、紧跟"数字化"浪潮,进一步加大标准贯彻实施力度,提升标准对产业的支撑引领作用,已成为当前标准化工作的重中之重。

我国已基本建成了贯穿全产业链的标准体系,在标准化工作上取得了显著的成果。但标准的数据服务及信息服务目前还处于起步阶段,其制约因素主要体现在以下三个方面:一是标准检索范围仍局限于基于题录的检索,无法实现对标准全文的检索。标准题录(即标准目录)包含的信息量有限,而标准全文才是标准的主要承载体,只有实现对标准全文的检索,才能真正提升标准检索服务质量;二是标准检索分类方式简单,目前多数以标准类型(国家标准、国外标准、行业标准、地方标准)进行分类,少数增加了行业方向,尚无二次扩展检索功能;三是标准知识推荐仅仅对用户检索关键词进行直接信息反馈,缺少关联知识推荐。总的来说,对于标准中的信息仍缺乏深度的语义挖掘以获取深层次的知识理解,亟须基于标准数字化转化、扩大检索范围、拓展检索方式、丰富推荐内容,配合开发标准搜索、推荐、问答等工具,提升标准服务体验,进而推进标准的推广实施应用及贯标、对标、达标等。

以拓展检索方式为例,在实现全文检索的基础上,可对检索范围进行限定检索,即可限定关键词检索的范围是标准的前言、引言、术语等,也可以对标准中的图表内容进行检索及结果抽取,从而实现标准服务从传统的简单关键词匹配到高精度标准知识关联的转变,对用户提供智能化的服务。

4.2.2.2　应用

基于标准知识图谱的应用以标准知识图谱为支撑,能为用户提供标准文本智能搜索、相关标准智能推荐和标准知识智能问答等功能。

标准文本智能搜索需实现语句级、段落级、篇章级等多粒度搜索,同时需要对文本、符号、图表等进行检索,有利于用户深层的意图及用户需求准确识别。从标准知识图谱中找到相关的内容和匹配的实体,并对搜索内容进行处理,最后以符合人类习惯的自然语言的形式展现出来,提升了用户的标准知识搜索体验。

标准智能推荐通过获取相似标准、历史变更、同体系标准等相关信息,实现准确的匹配和有针对性的推荐。在搜索标准相关内容时,基于标准知识图谱的智能推荐可以快速、方便地了解整个标准规范的相关知识,从而实现场景化、任务型的相关标准推荐。另外,可根据标准用户的使用习惯进行个性化推荐。

标准知识智能问答可从短句和实体两个维度进行挖掘,实现实体间上下文语义的识别和推理,理解多种问法,基于标准知识图谱匹配相关信息,以直接回答、统计回答和推理回答这三种模式回复,完成流畅、自然的人机互交。同时,标准知识

问答能够使标准使用者快速准确地获得所需的内容和知识,降低了获取标准专业知识的难度。

4.2.3　基于标准知识图谱的推理

4.2.3.1　背景

信息时代,每个行业每个领域伴随着互联网普及取得了飞速的发展,数据规模爆炸式增长,各行各业均积累了海量的标准知识、专家经验及各类文档,并且同一领域下包含了不同子领域和分类体系。如何从这些数据中提炼信息并加以管理、整合和应用,并映射到已有的分类体系与标准中是推进领域智能化、自动化、数字化、标准化的关键。

与此同时,人工智能技术的不断突破正催生一场新的工业革命,企业转型升级迫在眉睫。很多行业的专业标准知识没有很好地沉淀、继承和运用,日常基础环节的判断决策仍然需专家亲力亲为,花费较多的人力、物力和财力,需以行业标准知识图谱为载体,构建相关标准知识库。此外,为了行业的高效化管理和运作,企业也更希望 AI 技术能在依赖先验知识和专家经验的基础上,自动地完成一些任务,减少人工参与,辅助专家完成决策工作,降低出错率。最后,由于知识存在不完整性,需要基于标准知识图谱的推理进一步实现图谱知识的补全和纠错,使标准知识图谱变得更加完整和准确。

4.2.3.2　应用

基于标准知识图谱的推理是从已有知识出发,从图谱数据中挖掘出隐含的深层信息,推断出新的事实、新的结论、新的规则等。其应用通过构建标准知识图谱,实现多方知识的高度整合,然后结合推理引擎将图谱中的知识自动地转成推理规则,最后结合具体场景的真实数据辅助专家进行智能化的决策和判断,提高业务效率[1]。另外,标准知识图谱的应用还可以对以往的解决方案进行分析、查漏补缺,从而减少甚至避免误判。

4.3　标准知识图谱的应用方向

4.3.1　标准知识图谱在标准对标的应用

4.3.1.1　背景介绍

标准数字化知识图谱在标准对标领域起到关键作用。标准对标主要包括国际标准对标、标准查重两方面应用。国际标准对标也可称为"标杆管理",就是经过比较,不断发现国际上的最佳理念或实践,不断解析国际标准中的重要因素,将国内标准结果指标、过程指标,与最佳国际标准持续进行对照分析、寻找差距、改进提高。标准查重一般应用于标准立项或者标准审查、实施等环节,在这些环节中,围绕标准化对象,将正在制定或正在实施的标准与相似标准进行比较,发现标准是否存在重复制定、指标重复规定等情形,这对于提高标准化工作水平有非常重要的意义。为实现以上目标,需要引入新技术、新方法,更加有效地实现标准对标应用。

4.3.1.2　场景及其挑战

国际标准对标包括两种情形:一是标准间对标,如图 4.2 所示,即将国家标准与国际标准中关键技术指标进行比对;二是产品对标,这种情形将建立"产品—标准—指标"的三元组,将产品具体指标与国际标准、国家标准中的规定指标进行比较,并找出其中的差异。

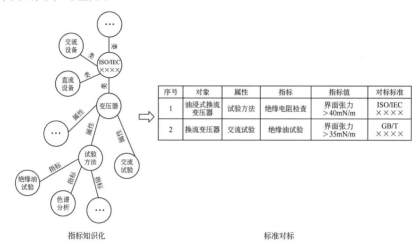

图 4.2　标准间指标对标示例

标准查重首先依据标准的标准化对象查找相关标准,再进行标准间的两两比对,比对内容包括名称比对、章节结构比对、段落语义比对、技术指标比对等。通过比对,计算两项标准之间的相似度,达到一定相似度可认定为标准重复制定或指标重复规定。

实现国际标准对标与标准查重存在诸多挑战。有效解析国际标准和国内标准中的技术内容是目前所面临的重要挑战。现有国际标准、国家标准大多以电子文件的形式存在,标准文本中的技术指标只能通过人工阅读提取,严重影响了标准对标的效率与准确性。因此,实现标准对标应用的首要目标是通过知识图谱技术,将标准文本内容进行结构化、语义化、知识化,通过实体和关系抽取,再结合标注及一定的自然语言处理技术,将国际标准、国家标准转换为知识图谱。

在此基础上,对于国际标准对标,可以在某一领域或者行业,选择反映产品质量的关键指标作为拟对标项,从逐个企业或逐个产品等维度与国际先进标准中相对应的指标展开对标,分析并找出存在的差异。对于标准查重,可以基于标准知识图谱,通过知识搜索、知识发现,对标准间名称、结构、语义、指标进行比对,计算标准之间的相似度。

4.3.1.3　场景意义

标准知识图谱在标准对标的应用中具有重要意义,一是可实现国际、国家重要标准的文本内容知识化,提升国标标准技术内容的应用水平,更便于知识的搜索和推荐。二是通过国际标准对标,可及时发现国际标准中的最佳实践、最新技术、最新方法,并能够应用于国内标准中,有效提升国内标准质量。三是通过国际标准能够提升企业产品质量,选择切实反映产品的指标进行国际标准对标,能够找到产品与国际标准间存在的差距,促进产品和服务质量的提升。四是通过标准查重,能够及时发现标准是否存在重复制定问题,以及相关标准之间是否存在指标重复规定、指标冲突等问题,有利于统筹规划标准制定计划,推动标准化工作的高质量发展。

4.3.2　标准知识图谱在指标评估的应用

4.3.2.1　背景介绍

随着各行各业知识和技术的不断发展迭代,相应标准、规范及其指标也在不断增加和更新,如何高效地应用这些指标指导设计、生产及应用评估,使整个系统各环节实现高效协同,是行业企业及从业人员面临的重要挑战。行业标准知识图谱的构建可以将标准指标更好地应用到行业各环节。如智能制造行业标准知识图谱,如图 4.3 所示,通过对行业标准、规范、测试方法、工艺要求、设计手册等相关资

图 4.3　智能制造标准知识图谱呈现示意图

料进行数据抽取和对专家知识进行梳理,将标准、规范中的指标和要求,同智能制造的生命周期、系统层级、智能特征维度及其子项建立关联关系,在产品的设计、生产、服务等环节提供知识查询、指标比对、测试验证、问题排查等支撑,使智能制造与标准规范协同发展。

4.3.2.2 场景及挑战

行业标准知识图谱的构建可以高效地实现各种指标比对,进行不同场景对标,检验实际指标与标准指标的差异,分析与行业先进水平及平均水平的差异,指导生产企业的生产运营和决策及用户的验收和使用,智能制造标准知识图谱指标提取与呈现如图 4.4 所示。

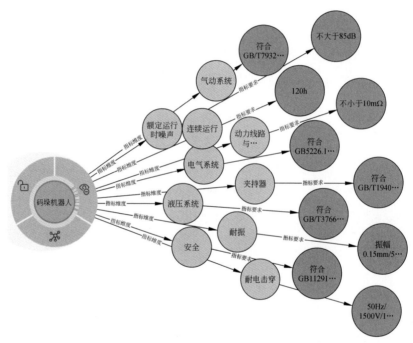

图 4.4 智能制造标准知识图谱指标提取与呈现示意图

目前,构建行业标准指标知识图谱存在诸多难题:标准内容繁杂问题,基于专家知识的体系设计的通用性很难涵盖全部场景,标准、规范资料指标提取困难,知识更新迭代快,现有资料时效难以确认,同一产品涉及多国多种标准规范约束;标准来源广泛问题,标准图谱数据来源广泛,包括国家标准、行业标准、企业标准、团体标准、行业规范、测试方法、工艺标准、设计手册、产品手册、维护手册,现有很多资料只有扫描的版本,这样通过 OCR 等方式形成结构化的数据也成为一项挑战;标准解析自动化问题,在实际获取数据时,通常需要人工分析并借助多种模型实现,在实体和关系抽取时需要结合专家标注、正则表达式、规则模板、自然语言处理等方式自动及半自动地进行,并需要通过专家审核来调整和优化抽取的方式。专业词汇的多种表现形式及非专业的表达方式需要进行融合,需要以人工结合自然语言处理模型的方式不断优化系统的准确度及效率;标准属性的区分问题,标准指标通常来自于技术要求、尺寸大小、实验条件、实验步骤、精密度、检验规则、场地要求、防水防尘要求、电磁兼容要求等,还应区分强制性要求和推荐要求,比如通常有必须、应、不应、宜、不宜、可等要求描述,指标通常还跟数学符号一起使用,比如大于、小于、区间等数学符号或者文字描述,而且指标也经常以表格形式给出,标准指标的各种呈现形式对指标的提取比对造成了很多困难。码垛机器人通用技术条件见表4.1。

表 4.1　码垛机器人通用技术条件

项　　目	参　　数
耐振要求	振幅 0.15mm/5~55Hz
液压系统要求	符合 GB/T3766—2015
额定运行时噪声	不大于 85dB
连续运行时间	120h
耐电击穿	50Hz/1500V/1min 无击穿闪络飞弧
…	…

不同行业中知识图谱构建及指标运用具有各自的特点,在船舶海工行业会面临多种指标标识、多种约束规范的复杂情况,给设计生产带来很多困难,如不同船级社对船舶动力定位系统的分级标志和配置均有不同的设置。在不同的分级下,子系统又对应不同配置标准。标准知识图谱可以将不同规范、各子系统以网络图的结构形式呈现,各子系统指标又与船级社标准相关联,从而让设计和生产人员快速地确定入级的各子系统数量、指标要求等,也可让用户通过标准图谱指标的比对来筛选满足不同需求的产品。这些都需要行业专家与知识图谱研发人员深度合作,并不断优化,才能得出满意的结果。

4.3.2.3　场景意义

运用行业标准知识图谱进行标准指标比对,是企业高效完成目标并减少路线偏差的有力保障,可在设计过程中快速获取相关指标要求,并可以参考更多关联指标和应用案例,让设计过程更加规范高效。在生产过程中,行业标准图谱指标比对的应用能帮助现场人员快速获取工艺、检测等指标要求,对发现的问题迅速排查,并记录反馈现场数据,将实践总结的知识不断积累在软件系统中,推动知识图谱更新迭代。行业标准知识图谱可在不同的系统层级和运行环节上展示相关的标准规范指标要求,在设计、生产、物流、销售、服务等过程的全生命周期中提供对标,全过程都依照统一标准规范实施,从而保障最终目标的完成。

4.3.3　标准知识图谱在合规测试的应用

4.3.3.1　背景介绍

针对不同的行业产品与服务,每个国家及地区都会制定相应标准规范以作为市场准入的合规条件。例如智能手机行业,中国、美国、日本等国家都有各自的功能、无线频谱、电气、环境等合规性要求,相关企业及从业者只有通过了相应准入测试,才能获得该国家或地区的入网许可证,从而被允许在该国市场销售及使用。

在新产品开发之际,所有产品都要满足目标市场的标准规范,才能通过相应的准入测试,从而获得准入许可。在现有技术条件下,通常是借助专业技术人员对目标市场的标准规范进行检索,从标准规范中找出产品的合规性要求;或是通过该产品在目标市场的准入测试机构的协助,获得产品的合规性要求。无论哪种方式,对于新进入该领域的厂家或从业人员并非易事。如若存在一种工具或者服务,能简单快捷地检索出一个产品的合规性要求、相应的强制性标准规范,将加速产品进入目标市场并降低进入成本。

软件测评是由第三方权威机构对软件的功能、性能、安全性、兼容性等进行的测试和评价,如图 4.5 所示,测试结果将会选出同类产品中较优秀的产品或根据测试产品完善程度给予用户改进建议。对于企业而言,第三方权威认证有助于其提高产品质量和扩大企业知名度,帮助其在竞标中获得更多的优势;对于用户而言,产品测评是能够让用户全面了解企业产品的一种形式。

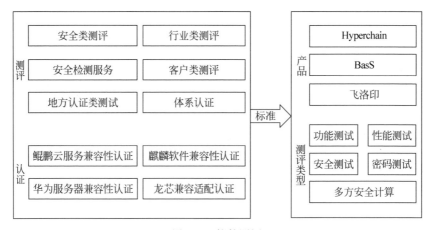

图 4.5　软件测评

4.3.3.2　场景及其挑战

软件产品在交付给用户前必然会经过软件测评,并且可能需要经过多家机构的多项认证及测评。同时,不同测评机构侧重的测试内容不同,采用的行业标准及测试方法也有所不同。软件测评人员在测评前需获取测评标准,如 GM/T0028—2014《密码模块安全技术要求》《可信区块链:第 3 部分测评方法》等,对照测评指标调整产品,保证软件产品符合测评标准。

构建软件测评标准知识图谱可能受到诸多挑战。一方面,测评机构和测评种类较多、测评环境各不相同、测评项较多、测评项之间存在交叉重复,需梳理清晰以满足开发测试人员从不同维度检索的需求。另一方面,知识图谱中相关知识和技术更新存在需求。计算机行业知识和技术更新速度非常快,知识图谱作为知识载体,可及时收录相关信息,包括前沿概念、已发布的最新成果、相关政策等,并展示知识点之间隐藏的逻辑关系。标准知识图谱在软件测评中的应用如图 4.6 所示。

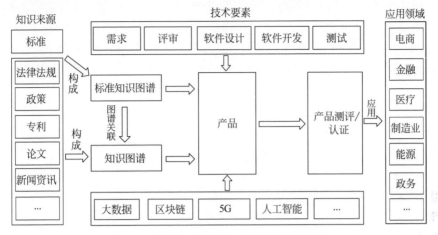

图 4.6　标准知识图谱在软件测评中的应用

4.3.3.3　场景意义

产品开发中,市场准入的合规性认证是一个很复杂的过程。首先,需要检索市场准入要求。过去,需要安排专业人士查找标准规范,然后逐项列出具体指标,对人力资源消耗巨大;现今借助于标准规范的知识图谱工具,可以很快获得市场准入要求,余下只需按照要求设计即可,从而以最高效简洁的方式实现了"DFT"(可测性设计),极大地促进了产品及早导入市场。此外,在完成合规性的市场准入测试之前,厂家通常会对产品做预测试;然后把预测试结果作为产品规格的数据输入标准数字化知识图谱中,就能轻松了解当前产品是否能满足制定市场的准入要求,从而尽早调整开发计划以争取尽快通过市场准入测试。无论哪个步骤,都能为企业有效地节省开发时间和费用,尽早把产品推向市场。

对各类测评的标准规范之间的关系进行建模,构建知识图谱,可以帮助企业在进行软件开发和测试的过程中更方便明晰地确定标准技术指标,可指导整个软件产品生命周期过程中的需求调研、设计开发、测试上线和运营维护;软件测评标准知识图谱的建立,可帮助用户全面了解软件类产品的开发和测试环境,避免产品测评过程中出现测评体系断点现象,助力企业高效完成软件开发、测试和测评认证。同时采用针对性标准,有助于提高测评的准确性、规范性、公平性,降低第三方测评机构的测评开销和企业自身的合规投入。

4.3.4　标准知识图谱在数据安全治理领域的应用

4.3.4.1　背景介绍

数据治理是围绕数据资产展开的系列工作,以服务组织各层决策为目标,是数据管理技术、过程、标准和政策的集合。从技术支持范围来讲,数据治理涵盖了从前端事务处理系统、后端业务数据库到终端的数据分析,从源头到终端再回到源头,形成一个闭环;从业务范围来讲,数据治理要对数据的产生、处置、使用进行监管;从控制范围来讲,数据治理必须通过对人员、流程和系统的整体设计与调整,满足数据与业务的全面结合。通过数据治理过程实现数据全生命周期的梳理和管理及全方位的监管,保证了数据的有效性、可访问性、高质量、一致性、可审计和安全性。

国家"十四五"规划重点强调要全面加强网络安全保障体系和能力建设、保障国家数据安全,加强个人信息保护及建立数据资源产权、交易流通、跨境传输和安全保护等基础制度和标准规范,推动数据资源开发利用。

为保证数据使用安全及个人信息保护、数据跨境流动安全,我国已经发布超过100项相关法律法规及工作指引类文件,其中2018年5月21日,银保监发布的《银行业金融机构数据治理指引》提出将数据管理作为监管处罚的方向之一;此外,2021年6月10日,第十三届全国人民代表大会常务委员会第二十九次会议通过的《数据安全法》聚焦数据安全领域的风险隐患,强调数据安全工作的标准性和统筹协调性,在实施路径上对数据安全分类分级管理、数据安全审查、数据安全风险评估等内容提出了要求;2021年8月20日,十三届全国人大常委会第三十次会议表决通过《中华人民共和国个人信息保护法》,并自2021年11月1日起施行。

为保证企业可以在安全合规的前提下高效使用数据,企业需切实贯彻数据分类分级管理的原则,对敏感数据信息进行识别、管理和审计,见表4.2。应用知识图谱技术,不仅可以建立企业内部数据安全管理知识库,还可以根据监管需求及企业治理要求,划分并关联企业数据安全"管理基线""技术基线""数据基线",做到管理手段、技术工具及敏感数据协同化治理。

表 4.2　数据安全管理表

能力项	数据安全战略		数据生命周期安全								基础安全						个人信息安全	
	数据安全规划	机构人员管理	数据采集安全	数据传输安全	存储安全	数据备份与恢复	使用安全	数据处理环境	数据内部共享安全	数据外部共享安全	数据销毁安全	数据分类分级	合规管理	合作方管理	监控审计	鉴别与访问	风险和需求分析	安全事件应急	个人信息识别	个人信息保护

4.3.4.2　场景及其挑战

数据治理工作通常包括数据标准定义、数据质量管控、数据安全管理、数据架构规划等内容,以及建立包括政策制度、组织架构、管理流程、技术支撑等方面在内的数据治理保障体系。

　　知识图谱技术结合已有的数据管理、数据治理的工具和组件,是对数据治理有力的帮助,同时也可以促进业务流程的规范化,促进业务的数据化、数据的业务化,加快两化融合。标准数字化知识图谱对数据治理的各方面都会起到积极的意义,下面针对数据治理的常用的几个领域来阐述,形成数据管理车轮图,如图 4.7所示。

图 4.7　数据管理车轮图

　　(1) 数据标准管理。数据的标准属性里有数据的业务标准、技术标准、安全标准等,这些属性要求可以在知识图谱里直接检索到。

　　(2) 元数据管理。元数据管理和知识图谱两者有"形似"的地方:元数据管理主要是管理数据的定义,这类似于知识图谱的点;数据之间的规则和约束,这类似知识图谱的边。也有"神似"的地方:元数据是数据的多方面的表达,而知识图谱也是对标准规范的多方面属性或关系的表达。所以构建一个粒度适当、全面的基于数据标准规范的知识图谱,从方式和目的上都提升了对元数据和数据资产的管理能力。

　　(3) 数据架构和模型。数据架构是数据模型、数据流转及数据平台的总称。数据标准规范的知识图谱有助于整体的数据架构、数据模型、数据交换与互操作的完善性和一致性。

　　(4) 数据仓库。通过标准规范的知识图谱对业务术语、参考数据和主数据、数据元和指标数据的一致性的定义,可提高数据共享、降低冗余度,便于分析报表的创建和分析,同时知识图谱所呈现的趋势、热点等有利于对商务决策达成统一认识。

　　(5) 数据质量。知识图谱便于探查数据历史变化与溯源,展现和检索数据血缘、数据血缘关系的变化,利于数据质量规则的生成,从而维护数据的时空一致性,衡量数据的可信度。

　　同时,随着信息技术的不断发展,云计算、大数据等技术不断成熟,各行各业产生的数据量剧增,数据资产安全管理的重要性已经得到了普遍的重视。

概括而言,我国大中型企业当前的数据安全治理特点有:

- 数据安全并非单点技术,而是一个能力体系。
- 数据安全与业务逻辑有更频繁的交互,更需要实现安全内生。
- 数据安全治理成果需与数据安全策略相结合,即数据安全治理的成果从管理办法制定到数据的分级分类,都需要与技术体系结合,才能指导安全建设,实现数据安全治理的技术与运营落地。
- "数据安全防护体系"需与"零信任体系"结合,做到"主体身份可信、业务访问行为合规、数据实体有效防护"。
- 双视角的数据安全全流程防护将数据生命周期视角与业务流转视角相结合,进行数据流转的精准控制。大型企业要构建这种综合的数据安全体系,显然需要一套能力框架进行指引。

针对上述问题,应用知识图谱技术,可以完成数据安全管理标准落地和数据安全管理标准映射的重点突破。首先,企业可以应用知识图谱技术,对监管需求及企业数据安全管理要求进行梳理及盘点,建立企业数据安全标准监管图谱;其次,企业可以根据自身实际情况,参考法律法规及行业标准中的最小合规要求,在数据安全管理的各个能力域,在组织建设、制度流程、人员能力三个方面建立"管理基线"和"技术基线";最后,应用知识图谱技术及企业内部建立的数据安全分类分级管理标准,对企业内部结构化和非结构化数据进行梳理和映射,将敏感数据管理的"数据基线"映射至"管理基线"和"技术基线"中。

4.3.4.3　场景意义

基于标准规范的标准知识图谱,将需要遵守的各方标准,比如国家标准、行业标准、企业标准、监管标准、专家意见等,以图谱形式准确地呈现,将离散的标准以关系和属性等方式整合在一起,使标准语义内涵得到一致的理解和展示,标准之间的联系得到充分挖掘,这样一方面可以方便组织,对自身应该遵守的已有标准有完整、统一、全面的了解,进而完善标准落实,查漏补缺,避免遗漏掉有价值的信息;另一方面,因为标准变得易于查询、分析和理解,使数据在其生命周期里更能得到合理的设计、创建、推广和使用。构建知识图谱有助于建立和强化组织内部的数据标准化工作体系的建设,对数据标准的制定、发布、修订、复审、落地等生命周期的管理,以及数据管理所涉及的组织架构、人员职责、规范流程、系统改造、技术工具、绩效考核、文化建设等方方面面的工作都有加速和优化的作用,而建立数据标准化工作体系是进行数据治理的主要目的之一,因此知识图谱对数据治理有促进作用。

类似地,在数据安全管理时,可以实现智能化的数据安全标准搜索和标准相关数据映射参考,辅助数据安全管理人员在敏感数据梳理及日常管理中落标。基于标准知识图谱的数据安全管理不仅可以保证数据安全标准建立阶段的全面性,还可以在日常运维阶段保证数据安全管理效率,针对不同数据进行差异化管理,在兼顾安全的前提下考虑效率。此外,应用于数据安全标准合规的标准知识图谱技术,可以维持企业数据安全管理及数据模型的一贯性,确保数据的质量及正确性和安全性,并提高开发效率和数据管理的一贯性,在金融、公安、政务等多个行业内得到应用。

4.3.5　标准知识图谱在智慧城市的应用

4.3.5.1　背景介绍

智慧城市广义上是依托信息通信技术实现城市基础设施智能化、公共服务便利化、社会治理精细化的新模式,产业内涵丰富、应用潜力可期、市场需求巨大。"十四五"规划进一步明确在新型基础设施、城市治理、民生服务、产业经济等方面的发展目标和时间节点,为智慧城市建设指明方向。智慧城市覆盖了城市管理中政务、民生、产业的各种场景,面向用户海量、涉及领域众多,因此智慧城市的建设运营中面临着诸多的协同难题和发展挑战。标准为智慧城市的规范建设和良性运营提供了依据,统一的技术规范、工程要求、认证方法等才可以保障智慧城市体系的互通、互联、互操作。国际标准化组织自 2013 年以来持续关注智慧城市标准化,并取得丰富的成果,据不完全统计,已发布智慧城市相关标准超过 50 项。2015 年国家标准委联合中央网信办及国家发展改革委提出我国智慧城市标准体系的总体框架(试行稿),包括总体类、支撑技术与平台类、基础设施类、建设与宜居类、管理与服务类、产业与经济类、安全与保障类共七大类基础通用标准,又细分为 53 个子类标准,至今已有 31 项国家标准编制完成并陆续发布。智慧城市标准化工作取得积极进展,同样也存在一些难题:

(1) 智慧城市标准中涉及内容覆盖面广,横向上包括智慧城市的规划、设计、建设、运营、检测、评估,纵向上涉及基础设施、平台建设、应用场景、安全保障等,标准指标参数关系错综复杂,使用者难以简单有效理解;

(2) 标准化工作涉及的部门和组织众多,带来协调难题,标准内容容易信息不对称、交叉重复,从而造成资源配置的效率下降;

(3) 标准研制周期长,而支撑智慧城市建设的关键技术和运营的创新模式更新迭代快,容易形成"无标可用"的局面,或部分现行标准在实施应用时存在"脱节"现象;

(4) 智慧城市场景中的实施数据难以获取,一是因为各类智慧领域中仍存在数据"割裂"、数据"孤岛"的现象,二是因为数据产权体系尚未完善,难以对数据进行价值化及实现数据的有效流通和保护。

4.3.5.2　场景及挑战

标准知识图谱为智慧城市的规划设计、建设运营、迭代升级提供关键引导。智慧城市标准知识图谱主要的数据源是与智慧城市相关的标准(国际标准、国家标准、行业标准、地方标准、团体标准、企业标准等)、标准实施数据(运行数据、检测数据、评估数据等)和其他相关政策(规划、指南、指导意见、通知、计划、报告、大纲等)。标准知识图谱对上述数据进行实体识别、关系抽取、属性补全、概念抽取等基础处理,进而进行图谱推理及融合,最终实现智慧城市标准知识图谱的可视化、语义搜索、智能问答、推荐等功能。图 4.8 是基于智慧城市标准知识图谱的身份感知安全保障要求示意图,通过该图不仅能直观地了解多项标准对身份感知技术的具体要求,还能明晰地展示相关标准间的关系,是标准知识图谱可视化功能的展现。

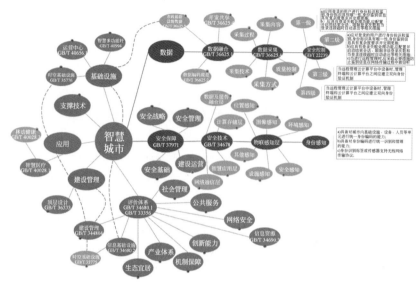

图 4.8   基于智慧城市标准知识图谱的身份感知安全保障要求示意图

标准知识图谱为智慧城市的标准化工作带来新的契机。数字孪生城市是ICT3.0 智慧城市的重要组成部分,是物理智慧城市的映射,通过数字孪生城市的模拟运营,能获取在当前标准知识图谱指导下物理智慧城市的模拟实施数据,有效解决实施数据难以获取的难题。标准动态评价系统如图 4.9 所示。

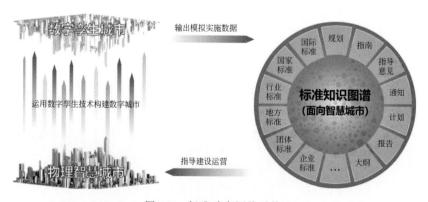

图 4.9   标准动态评价系统

标准知识图谱结合数字孪生技术,构建标准动态评价系统,大大缩短标准研制周期。首先,标准知识图谱基于模拟实施数据,分析现行标准实施效果,提出优化升级建议,并结合专家意见形成标准计划,指导迭代的数字孪生城市形成迭代的模拟实施数据。其次,由标准知识图谱基于模拟实施数据和迭代模拟实施数据,预测标准计划的实施效果,若优于现行标准,则执行标准计划,形成新标准替代现行标准;反之,则对标准计划进行调整。但该系统受制于数字孪生城市运营产生的模拟实施数据的有效性,因此关系到数字孪生技术对现实实体模型化描述的准确性。标准动态评价机制如图4.10所示。

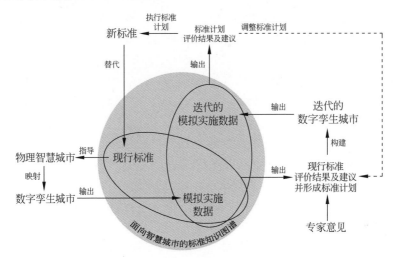

图4.10　标准动态评价机制

4.3.5.3　场景意义

标准知识图谱和数字孪生技术相互作用形成迭代系统,实现两者螺旋式演进。数字孪生技术的引入推动标准加速进化、保持标准知识图谱活力;标准知识图谱为数字孪生虚拟体的模型化效果提供评估依据,使虚拟模型运行结果更加科学、全面、接近真实。两者虚实相融、更新迭代,为智慧城市全生命周期发展提供直观、便捷、准确、全面、动态的指导与保障,助力推动城市建设数字化、管理智慧化、服务精细化,实现智慧城市"普惠民生"和"生态和谐"的目标。

4.3.6　标准知识图谱在知识产权领域的应用

4.3.6.1　背景介绍

习近平总书记在主持中共中央政治局第二十五次集体学习时强调:"创新是引领发展的第一动力,保护知识产权就是保护创新""知识产权保护工作关系国家治理体系和治理能力现代化,关系高质量发展,关系人民生活幸福,关系国家对外开放大局,关系国家安全"。强化知识产权保护,支撑创新驱动发展是新时代建设知识产权强国的必然要求。司法保护在知识产权多元保护体系中发挥着主导作用，已成为世界各国激励创新的基本手段之一。2020 年 4 月 15 日，中华人民共和国最高人民法院发布了《关于全面加强知识产权司法保护的意见》，提出"立足各类案件特点、着力解决突出问题、加强体制机制建设"等五项 26 条意见。

4.3.6.2　场景及挑战

为加强知识产权司法保护，我国在知识产权领域已全面引入惩罚性赔偿。惩罚性赔偿也称惩戒性赔偿，是侵权人给付给被侵权人超过其实际受损害数额的一种金钱赔偿。我国在知识产权法律制度中引入惩罚性赔偿始于 2013 年修改的《中华人民共和国商标法》，自此在立法、司法和行政政策等多方合力下，开始构建以"补偿为主、惩罚为辅"的知识产权侵权损害赔偿机制。2020 年 5 月 28 日颁布的《中华人民共和国民法典》第 1185 条以一般规则的形式宣示了我国知识产权惩罚性赔偿制度的确立。2020 年 10 月、11 月分别修改的《中华人民共和国专利法》和《中华人民共和国著作权法》均增加了惩罚性赔偿条款，标志着惩罚性赔偿制度在我国的全面确立。

知识产权惩罚性赔偿适用的一个难点问题就是实现"同案同判"。目前，随着我国创新发展和法制建设的不断深入，人们对于知识产权的保护意识也在不断增强，知识产权纠纷案件也在逐年攀升。为规范知识产权侵权惩罚性赔偿的司法适用，法院在总结审判实践经验的基础上发布指导性案例，为类似案件的处理提供标准。在指导性案例中，进一步明确知识产权惩罚性赔偿司法适用时包含哪些具体因素，并且尽可能地展示证据规则是如何影响赔偿数额确定的，与传统的司法文件和司法解释对政策的回应相比，指导性案例具有更强的合理性和针对性。

然而，一方面，这些案件文本数据都保存在法院中，研究人员缺乏数据获取渠道；另一方面，纵使"中国裁判文书网"等相关网站随着国家大力提倡司法领域信息化建设应运而生，但由于法律文书生涩难懂，彼此缺乏关联，研究人员的分析、理解难度仍旧巨大。将知识产权案例信息与知识图谱相结合，利用"中国裁判文书网"等相关网站公开的知识产权案例信息，构建一个以知识产权案例判决书为数据源的知识图谱是解决上述问题的有效手段。判决书是法律界常用的一种写作文体，包含了原被告、判决时间、审判人员、审判机构、法律条文及案情信息等诸多信息。通过将知识产权案例信息中的重要实体、属性和关系以三元组的形式抽取出来，然后把抽取到的这些三元组以图的形式存储至图数据库中，并使用前后端相关技术便可为研究人员提供一个方便实用的查询系统。图 4.11 所示为知识产权案例知识图谱的构建流程。

4.3.6.3　场景意义

将知识图谱与知识产权案例信息结合起来，使用知识图谱技术对案例文本信息进行处理，抽取其中的重要知识并将其以图形化的形式进行展示。通过知识之

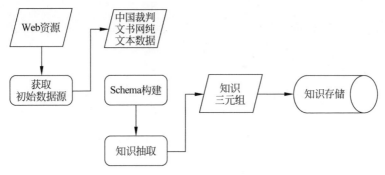

图 4.11　知识产权案例知识图谱的构建流程

间的联系,可以将不同的案件关联起来并更好地辅助相关专业人士研判,也能够使大众在无须阅读大量文字信息的情况下便能够比较清晰地了解知识产权案件文本中的重要信息,为知识产权保护工作添砖加瓦。

4.3.7　标准知识图谱在医疗领域的应用

4.3.7.1　背景介绍

医疗领域由于涉及人类生命,是重监管合规和标准的行业,医疗整个产业链较长,覆盖药品的研发、生产、使用和诊疗全流程。监管和标准制定机构、权威诊疗机构不断完善医疗器械全流程监管制度和医学诊疗指南,建立了科学、高效、系统、全面的医疗监管体系,保证了上市药品的研发、生产、使用的安全性、有效性、质量可控性及诊疗过程的规范化和最佳实践的经验传承。

医疗相关医疗器械等产品和诊疗服务的严格准入制度和伦理要求是医疗领域标准数字化知识图谱应用的重要背景。图 4.12 所示为医疗标准规范分类概况。一方面,由于医疗器械的全球化生产与流通及各国市场准入的不同要求,亟须形成系统化的医疗领域标准规范框架,为利益相关方梳理标准要求和评测方法提供可行性和辅助工具;另一方面,医疗领域标准规范不仅涵盖常见的国际标准、国内标准、行业标准等典型标准文件,同时由于医疗行业的特殊性,政府指导文件、国内外专家共识与临床指南、医疗器械审评规范等也被纳入监管范畴,据国家药监局数据统计,2021 年仅在医疗器械方向就发布标准 181 项(国家标准 35 项,行业标准 146 项),行业标准修改单 3 项,标准发布数量较 2020 年度增长 21%。截至 2021 年 12 月底,医疗器械标准共计 1849 项,其中国家标准 235 项、行业标准 1614 项,强制性国家标准 91 项、强制性行业标准 298 项,推荐性国家标准 144 项、推荐性行业标准 1316 项,进一步提升了医疗器械标准质量、增加了标准供给,更好地发挥医疗器械标准在保安全、促发展中的支撑作用。如何更高效地制定标准及将标准更有效地应用到整个医疗产业链中,成为亟须解决的问题。图 4.12 所示为医学标准规范分类概况。

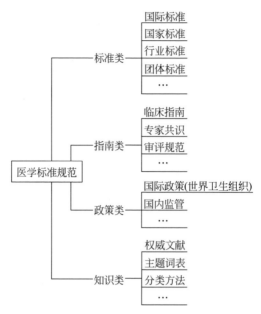

图 4.12　医学标准规范分类概况

4.3.7.2　场景及其挑战

可以看到,随着对医疗行业标准的重视程度和监管的加强,标准制定的数量会形成井喷,在标准的制修订过程中会有大量的数据及分析结果需要实时更新收集、实时分析、实时共享,目前主要依赖标准专家的经验从分散在不同地方的标准文档库中进行整理和重新撰写,费时费力,如果继续依赖传统的标准制定方法,会导致标准的制修订时间过长、成本较高且标准的质量不理想,不能大范围地广泛应用。这种情况下,对于行业内监管机构标准制定人员、标准使用人员,如何提高制定及查找相关标准的效率是一个比较大的挑战。知识图谱可以将碎片化的多源异构标准知识进行知识体系构建和标签、知识点提取,将标准文档内容和文档间构建关联图谱,形成智能知识库,通过基于标准知识图谱的智能语义检索、智能推荐、智能问答及知识图谱可视化分析、标准自动生成等功能更高效地辅助医疗标准和指南的撰写,更好地探索标准的发展趋势方向。建立医疗领域标准数字化知识图谱需充分考虑医学监管的特殊性,将指南、共识、规范等文件纳入标准库,与国际标准、国家标准和行业标准相融合。

其次,医疗标准覆盖面很广,数量庞大,而且大部分是非结构化的文档,医疗标准里面沉淀了大量的行业专家经验知识和监管的规则,并没有有效地应用到实际药品研发生产诊疗过程中。这些浩瀚的标准如何有效地发挥监管和指导医疗全流程的作用,是关系标准能否真正落地赋能行业发展的重大挑战。例如,GMP 标准规定的药品生产质量控制过程如何融入药品的实际生产中,医学指南如何更高效地辅助医疗保健专业人员诊疗。知识图谱本质上是专家经验的沉淀,通过将标准里面的知识点进行结构化、语义化、图谱化,建立医药研发、生产、医疗诊疗的专家模型,并通过上层智能应用功能及算法等形成医疗全流程中不同阶段的医疗标准智能应用功能。

从医疗全流程来看,可以分为医药研发生产端和医药流通使用端,研发生产端主要包括药品的研发、临床前研究、临床试验和生产。医药流通使用端主要分为医药存储,流通供应链及临床诊疗、健康管理和药物警戒,每一阶段都有相应的标准以及应用场景,如图 4.13 所示。

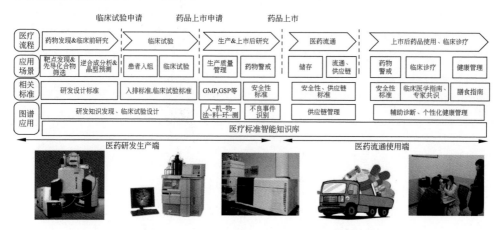

图 4.13　医疗领域标准知识图谱应用场景

4.3.7.3　场景意义

将标准数字化知识图谱应用于医疗领域,一方面是有效推动医疗器械、医用耗材、医疗服务在全球范围内的标准互联互通,打破贸易壁垒,确保医疗质量和安全的重要手段和工具;另一方面,构建涵盖领域内标准、政策和权威专家意见的监管要素关联图谱,是促进人工智能技术在医疗领域高标准、高质量应用的重要前提,知识图谱技术的发展和推广为医学人工智能产品生态的健康发展提供了保障。

4.3.8　标准知识图谱在产业链分析的应用

4.3.8.1　背景介绍

在当前形势下,标准已成为市场竞争的制高点,其实质是产业利益的分配和产业链的分工。标准已从传统意义上的产品互换和质量评判的依据上升为产业整体发展战略的重要组成部分,成为事关产业发展的基础性、先导性和战略性工作。从国内外多个产业链的发展经验来看,产业链的发展与标准体系的建设相辅相成,缺一不可。

产业发展初期,产业链结构尚未建立,相关标准也寥寥无几。企业只能参考其他行业的类似产品标准进行生产,各企业的产品杂乱无章、规格各异,与产业链上下游之间的互联互通并不通畅,产业发展受阻。在产业的发展进程中,重点企业纷纷涌现,这些企业开始通过约定的规范进行产品生产,其他企业则自发或被动地参照上述规范进行生产,产业标准开始萌芽。

产业发展中期,产业的不断发展使得产业链核心环节日益壮大,其标准制定也逐步提上日程。标准制定工作一般从核心环节开始,并由该产业主管单位主导、龙头企业参与。标准的制定不仅给产业发展指明了方向,也解决了其上下游的兼容问题,为产业链走向成熟奠定了基础。

产业成熟期,产业链上下游结构建立完成。核心环节的产业链话语权不断增强,相关龙头企业开始参与到产业链上下游的标准制定中,促进全产业链标准体系的构建。由此,产业链的发展开始反哺标准的制定。图 4.14 所示为产业链与标准协同发展示意图。

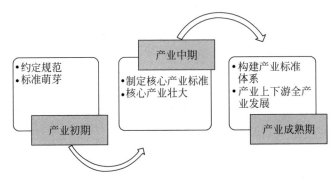

图 4.14　产业链与标准协同发展示意图

产业链融合依赖于跨产业、跨领域的标准信息共享,并有利于梳理产业上下游标准、提高产业链供应链稳定性和国际竞争力。利用知识图谱技术,不仅可以将传统的标准图谱化,还可以以此为基础,从产业链视角将标准关联起来,从而构建产业链标准图谱,支持产业链全局的标准分析。各行业与领域间的标准知识合并构成标准知识图谱是产业链融合的重要推动力量,各产业统一的标准化体系建立将成为产业发展不可或缺的基石。标准产业链知识图谱可以使企业更精准地制订产品及生产计划,避免因对上下游产业标准认知的不全面所导致的失误或承担不必要的风险。除此之外,从产业链标准知识图谱的衔接来看,使用相关技术可以更有效地查找标准的短板,挖掘新标准的需求,加快建立健全跨行业、跨领域的标准化协同工作机制,推动形成统一协调的标准体系,有助于认识和理解生产的对象、边界、各生产环节和产品层级的关系和内在联系。

4.3.8.2　场景及其挑战

产业链标准知识图谱建设主要由两条分支组成:标准规范的知识图谱建设和产业链结构数据建设。通过产业和标准的关联,将这两条分支汇聚成产业的标准知识大脑,如图 4.15 所示。

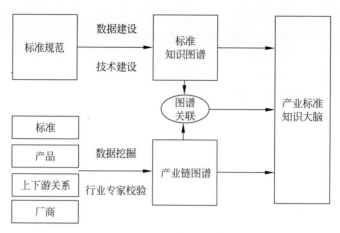

图 4.15　系统组成架构图

产业链标准知识图谱面临着诸多挑战：针对构建产业链标准评价模型，如何基于标准的重要性和前沿性、产业环节的重要性、产业链上标准的协同性等维度构建量化评价模型，从而提高分析的准确性和科学性；对于现有的标准，结合定性与定量分析方法，如何持续跟踪标准实施情况；如何定位标准规范问题和实施难点，进而对标准进行优化改进。

4.3.8.3　场景意义

产业链标准图谱是运用标准化图谱的信息功能与分析技术系统引导产业发展的关键提效工具，对产业分析具有重要意义。通过建设产业链标准图谱发挥标准数据对产业运行决策的引导作用，可以发挥标准制度对产业创新资源的配置作用，提高产业竞争力，推动产业创新高质量发展。产业链标准图谱数据建设思路如图 4.16 所示。

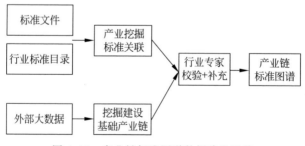

图 4.16　产业链标准图谱数据建设思路

产业链标准图谱是建立统一完善标准体系的重要技术手段。通过产业链标准图谱，可以掌握产业重点环节的标准制定情况、指导产业重点环节的标准制定、促进产业发展。通过建立标准数字化知识图谱，标准的制定者及使用者可以便捷地查阅产业各环节的标准状态。下面将以物联网产业链为例，展示产业链标准图谱的建设过程。

物联网是以感知技术和网络通信技术为主要手段,实现人、机、物的泛在连接,提供信息感知、信息传输、信息处理等服务的基础设施,被称为继计算机、互联网之后信息产业的第三次浪潮。

物联网产业在推动数字经济发展、赋能传统产业转型升级方面具有重要支撑作用。其产业链结构主要分为三个环节,上游为网络连接层和感知设备层,中游为物联网平台和物联网软件服务,下游为政策、产业、消费驱动的行业应用。图 4.17 为物联网产业链图谱。

图 4.17 物联网产业链图谱

与传统的按照基础标准、技术标准、建设标准、应用标准的分类方法不同,在产业链标准图谱中我们采用了与物联网产业结构相适应的标准分类方法,将物联网产业标准分成总体共性标准、感知层标准、网络层标准、平台层标准和应用层标准5 个大类。该种分类方法能更好地与产业分析相匹配,也可更直观地展示产业链上下游标准建设情况,如图 4.18 所示。

按照产业链标准图谱数据建设思路,首先将物联网产业相关的企业大数据、标准文本数据进行预处理,作为产业链标准图谱的重要数据资源。再进一步采用知识图谱、自然语言处理(NLP)等技术并结合专家经验将标准数据与产业链数据进行关联,即可构建出物联网产业链标准图谱,如图 4.19 所示。

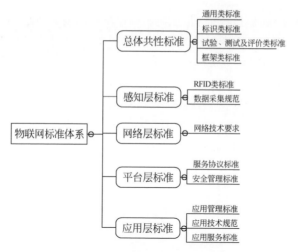

图 4.18　物联网产业链标准体系

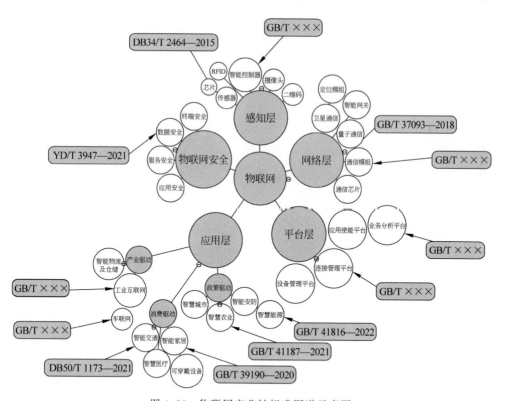

图 4.19　物联网产业链标准图谱示意图

物联网产业核心环节目前共有各类现行标准 225 个（数据来源：全国标准信息公共服务平台），按照 ICS 分类具体如图 4.20 所示。

结合图 4.19 和图 4.20 可知，目前物联网产业链中游的平台层已有近 100 项标准，但下游的应用层标准普遍较少。进一步查询物联网产业链标准图谱应用层可知,物联网平台层的智慧城市、智慧农业和智慧能源或多或少都已经有相应的标准指导文件,但智能安防迄今仍缺少相关的标准文件,这势必造成产业上下游发展不同步。为解决该问题,各主管单位、产业联盟可通过产业链标准图谱查询、组织各龙头企业加紧建设相关产业标准,促进整个物联网产业上下游协同发展。图 4.21 所示为物联网产业链标准图谱应用层标准分布情况。

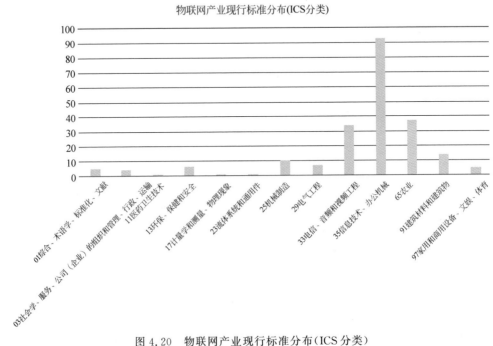

图 4.20 物联网产业现行标准分布(ICS 分类)

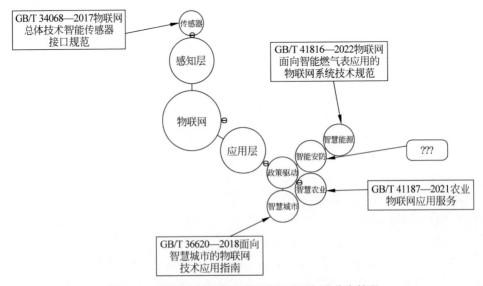

图 4.21 物联网产业链标准图谱应用层标准分布情况

标准体系的舆情监控也是产业链标准图谱应用的一大方向。利用人工智能技术,可在舆情数据中解析出新闻主体、事件类型、新闻关键词、新闻情感(利好、利空)等数据。通过配置产业标准关键词或指定企业(单位)进行定制化的产业标准监控,挖掘并分析相关标准的使用情况,及时把握产业标准动态,如图 4.22 所示。

新闻标题	发布时间	新闻来源
深圳市物联网产业协会2022年团体标准评审会线上会议顺利召开	2022-08-26 10:13:42	网易
由产品研发走向行业标准制定科达自控拟增资控股山西省物联网行业技术中心	2022-07-27 11:24:00	证券日报网
未来力争成为燃气及水务物联网行业标准制定者	2022-03-30 18:01:20	封面新闻
成都千嘉科技总经理雷新民:未来力争成为燃气及水务物联网行业标准制定者	2022-03-30 07:26:23	新浪网
《物联网终端可信上链技术要求》团体标准发布	2022-03-11 13:17:00	电子发烧友
《物联网 电子价签系统 总体要求》国家标准征求意见中!	2022-02-28 15:18:27	网易
深圳市物联网产业协会团体标准《灯杆的智能化改造技术要求》顺利通过评审	2022-01-24 14:10:00	中国通信网
2021中国物联网金融发展大会召开,平安银行、信通院发布行业标准……	2021-12-22 19:04:56	新浪财经
多方联动 共创物联网行业标准化未来合作之路	2021-12-10 10:38:21	网易
亚威股份:透过以物联网、人工智能、大数据、5G等技术融合与发展参与多项国家及地方的行业标准编制工作	2021-07-09 18:33:00	同花顺
AIoT周看点|四部门联合整治摄像头黑产 区块链物联网安全国标立项	2021-06-21 11:00:11	快资讯
长虹获首个"区块链+物联网安全"国标,昔日彩电一哥能否弯道超车	2021-06-18 17:16:00	新浪财经
好托管物联网系统助力托管行业标准化升级	2021-06-09 10:00:03	快资讯
提出物联网行业标准化思路 微步泰尼狗超级板在深发布	2021-03-30 11:46:24	搜狐网
热烈祝贺《新一代物联网参考体系架构》等团体标准正式发布	2021-03-30 00:08:14	快资讯
"物联网支付"离生活还有多远?跨行业标准已启动	2021-03-26 21:05:00	砍柴网
各界精英聚京研讨制定物联网生命体征感知设备国家标准	2021-01-25 06:44:09	快资讯
重磅发布!深圳市物联网产业协会2020年团体标准评审会成功举办	2021-01-18 14:31:12	RFID世界网
京东方牵头国家标准《物联网 电子价签系统 总体要求》获立项	2020-12-16 23:36:28	中国触摸屏网
腾讯联合华为等发布物联网行业标准物模型平台	2020-12-15 15:57:28	中国新闻网
信通院联合腾讯云、华为发布物联网行业标准物模型平台	2020-12-11 11:10:00	界面
中国首个物联网新职业能力团体标准正式发布	2020-09-27 08:03:20	新浪网

图 4.22　物联网产业标准舆情监控

本章对标准知识图谱的应用及功能进行了概述,从基于标准知识图谱的可视化,基于标准知识图谱的搜索、推荐、问答,以及基于标准规范的图谱推理三个方面进行了说明。在此基础上,分别从对标准本身、产品以及产业链三个维度展开,对标准知识谱图的应用进行了详细介绍。

标准知识图谱对标准的影响主要包括国际标准对标、标准热点与趋势分析,标准指标评估——智能制造船舶海工行业标准图谱的应用,标准知识重构——短标准应用,标准知识图谱对产品价值,标准知识图谱数据治理,数据安全标准合规,标准知识图谱在智慧城市中的应用,标准必要专利知识图谱应用,标准知识图谱在医学领域的应用及标准知识图谱对产业链价值的影响。标准知识图谱不仅是一个庞大的知识库,更是支撑起智能搜索和直观可视化等智能应用的基础,借助知识图谱技术,建立"产业—产品—标准"网络关系,可以智能化分析产业内的标准制定及分布情况,将各个行业的不同标准规范有机结合,为各行各业人员更方便高效地使用标准,精准掌握标准内容奠定坚实基础。

标准化水平是一个国家科技与经济发展水平的反映,也是一个国家与企业管理水平高低的重要指标。尤其在当今的信息化社会,数字化转型已是全球经济、社会发展的必然趋势,作为市场主体的企业标准化水平,直接影响企业竞争力。我国的标准化工作经过几十年发展,虽已基本建成覆盖全产业链条的标准体系,但由于标准的数据服务、信息服务还处于初级阶段,因此在标准知识图谱的应用方面存在一定的挑战,主要表现在如下几方面:

(1)数据源挑战:众所周知,基于知识图谱、机器学习等人工智能技术开展相关研究,要想取得优异的结果,数据源十分关键,然而对于很多领域或者新兴产业,标准规范较少或正处于研制过程中,难以为标准知识图谱的构建提供足量的数据源支撑,致使标准知识图谱的构建存在一定的困难,影响最终构建图谱的准确性。这也将成为在标准知识图谱应用过程中的一大重要挑战。

(2)技术挑战:由于标准规范覆盖范围较广,标准内容多为半结构化或非结构化数据,知识提取困难、工作量大、专业度及严谨度要求高,很多企业和领域应用场景复杂多样,构建的标准知识图谱覆盖面不全。此外,当前标准知识图谱在构建过程中对人工的依赖程度较高、构建成本高、效率低,使得很多企业和领域不愿花费人力、财力、时间去尝试和探索。

此外,对于现有标准,如何基于知识图谱技术持续跟进标准实施情况,定位标准规范内容问题和实施难点,及时准确地对标准进行更正,保证图谱中各个标准规范之间关联关系的准确性与时效性,成为影响标准知识图谱广泛应用的又一挑战。

我国标准数字化还处于探索阶段,这是一项长期的工作,需要在政策、技术、法律法规、行业应用等方面积极行动。在标准知识图谱应用方面,提出以下两点建议:

(1)加强标准知识图谱优秀解决方案/产品展示与推广。目前,标准知识图谱已经在部分领域及企业取得了良好的应用成效,而且形成了一定的实践积累和平台化产品。然而,对于部分传统企业,由于本领域专业人才对知识图谱技术了解有限或者新兴产业对本领域标准了解有限,无法真正认识到标准知识图谱的意义及价值,有必要通过梳理标准知识图谱在典型行业的成功案例,大力进行标准知识图谱的宣传和产品或平台展示与推广,让更多的企业或标准研制院所参与进来,不断反哺标准知识图谱完善,提升实体覆盖率。

(2)加快大数据标准知识图谱开放平台建设。开放的大数据标准知识图谱平台是推动知识图谱技术及标准规范在各行各业融合应用的重要基础设施,不仅能够更好地管理国内外、各行各业、各式各样的标准规范,让更多的企业了解本行业领域内各样标准的制定与使用情况,更好地理解标准内容,促进标准实施工作;还能避免企业在建设标准知识图谱过程中从零开始或重复建设,降低标准知识图谱实施方的设计开发成本。此外,通过标准知识图谱在各领域各企业的落地实施,还可以整合上下游资源,形成凝聚力,实现各领域信息共享,发挥协同效应。

参考文献

［1］　阮彤,孙程琳,王昊奋,等.中医药知识图谱构建与应用[J].医学信息学杂志,2016（4）：8-13.

［2］　袁凯琦,邓扬,陈道源,等.医学知识图谱构建技术与研究进展[J].计算机应用研究,2018,35(7)：8.

［3］　王昊奋,漆桂林,陈华钧.知识图谱：方法,实践与应用[J].自动化博览,2020,37(1)：7.

［4］　赵华,符海芳,卫凤林,等.GB/T 38676—2020 信息技术 大数据存储与处理系统功能测试要求[S].北京：中国标准出版社,2020.

［5］　国家标准委,国家知识产权局.国家标准涉及专利的管理规定(暂行)［EB/OL］.［2013-12-19］.https://www.ankang.gov.cn/Content-77940.html.

［6］　BILL RAY. Judge rules for the finns in Nokia/InterDigital spat-verdict could trigger inter digital license apocalypse［EB/OL］.［2021-01-15］.http://www.theregister.co.uk/2009/08/17/nokia_interdigital/.

［7］　HARBOUR Commission. In the Matter of Rambus,Inc. Docket No.9302［EB/OL］.［2021-01-10］.http://www.ftc.gov/os/adjpro/d9302/060802commissionopinion.pdf.

［8］　张友连.知识产权司法保护的新亮点：惩罚性赔偿[J].司法智库,2020,2(1)：8-13.

［9］　姚明超.基于知识产权案例的知识图谱构建［D］.乌鲁木齐：新疆大学,2021.

［10］　李晨鹏.知识产权惩罚性赔偿制度研究[D].兰州：甘肃政法学院,2018.

第 **5** 章

标准知识图谱应用案例

    标准知识图谱不仅会改变标准化工作辅助方式,还将与业务领域产品设计、研发、生产、运营等全周期紧密融合,促进解决标准知识利用率低、缺乏有效关联比对导致的标准数字化在产业领域应用痛点难点问题,建立高效、精准、智能的标准数字化应用新范式。本章从多个领域提出标准知识图谱的应用背景、应用方案、效果及意义,共有 13 个领域应用的案例,分别为电力、司法、政法、城轨、油气、乳业、金融、船舶、汽车、医疗卫生、建筑、财税、产业链大数据。标准数字化知识图谱典型应用案例如图 5.1 所示。其中针对电力、油气、乳业、司法、政法、建筑、公安领域详细介绍具体标准知识图谱落地应用,同时给出多个领域,如城轨、金融、船舶、汽车、医疗卫生、建筑、财税、产业链大数据在标准知识图谱上具体应用前景。

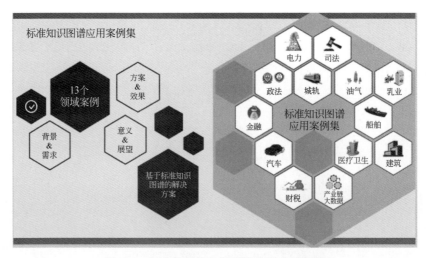

图 5.1　标准数字化知识图谱典型应用案例

5.1　电网关键设备标准数字化知识图谱平台应用

5.1.1　应用背景

N公司在广东、广西、云南、贵州和海南五省及港澳等地区提供电网运营服务，为华南及港澳地区经济发展保驾护航。为保障电网运行安全、稳定，N公司针对电网设备及工程，在采购、施工、品控、验收、检修、退役等资产全生命周期流程，制定了电网标准体系，涵盖国标、行标、团标、企标等在内的上万册技术标准。但由于电网标准体系庞大，且标准实施对电网运行甚至国民经济影响巨大，员工时常利用标准开展工作，往往需要在体系中根据标准题录信息进行标准查找，定位到具体标准后，再按需在标准正文中获取有效信息，"题录＋PDF"模式获取标准知识效率较低，原有标准信息服务系统无法理解标准语义并进行应用，标准也无法嵌入电网资产管理场景直接提供服务，价值未充分体现。另外，由于电网制定企标多，企标之间、企标与上位标准存在少量条款差异及要求冲突，对标准的修订与实施是一个较大的挑战。基于此，在《国家标准化发展纲要》总体要求下，在N公司实施数字化转型的总框架下，N公司提出按照"用数字化重塑标准化业务，提升标准化管理和服务能力"的总体目标，建立覆盖标准化管理支持、业务流程和标准全生命周期的能力金字塔顶层架构模型；构建覆盖"治理层、管理层、执行层"三级组织架构的标准数字化平台，实现三层核心能力，围绕标准全生命周期和电网资产全生命周期两条主线，统筹规划，应用大数据、人工智能技术，通过电网标准知识抽取、关联、融合，构建电网标准知识图谱，实现标准知识语义化，推动电网标准机器可读、可理解，赋能电网业务创新与变革，已经成为不可逆转的趋势。图5.2所示为金字塔架构模型。

5.1.2　解决方案

N公司在电网标准知识图谱的解决方案如图5.3所示。基于专家工作平台提供专家先验知识及标注样本，以电网设备标准知识库为语料，重点解决电网设备知识建模、电力专业词典构建、电网设备标准知识抽取等核心技术难题，为图谱构建过程中知识定义、实体消歧、共指消解等各类构建环节提供有效解决方案，确保图谱构建质量，同时为语义检索、智能问答、精准推荐、各类标准决策分析等应用奠定基础。

5.1.2.1　电网设备标准知识图谱构建总体方案

电网设备标准知识图谱构建以结构化及半结构化的电网设备标准知识库为基础，基于知识模型构建、专名词典构建、知识发现与抽取等技术，联合打造具有知识自主更新能力的自学习人机协同电网标准知识图谱构建系统。系统充分考虑电力行业专业性强、专有名词多、设备关联复杂等特点，在知识图谱生成典型图谱构建路径上，对各构建阶段模型及方法进行针对性调优，确保图谱构建的高准确率、知识高覆盖率。

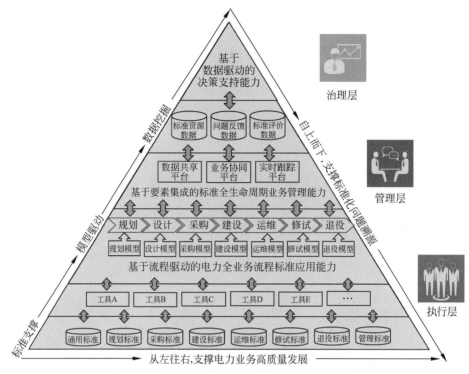

图 5.2 电网标准数字化能力金字塔顶层架构模型

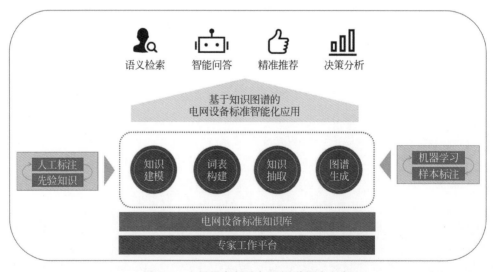

图 5.3 电网设备标准知识图谱解决方案

同时，系统基于国产图数据库托管电网设备标准知识图谱数据，提供可视化查看界面，支持图谱 CRUD(增、删、改、查)操作，集成丰富图算法满足关联展示、深度钻取、图谱游走等图谱交互操作。

另外，在图谱管理系统中，托管图谱构建与应用阶段产生的各类深度学习模型，支持可视化标注、重训、评估与预测。

5.1.2.2 电网设备标准知识建模

根据电网设备领域标准知识的结构形式及知识图谱的用途，建立电网设备标准知识图谱 Schema(数据模型)，对电网标准知识图谱的结构进行定义，把电力领域的基本知识框架赋予机器。基于电网标准碎片化内容体系，系统支持按领域创建概念集，包括相关概念、类型(type)和属性(property)，完成该领域的知识建模任务，如图 5.4 所示。

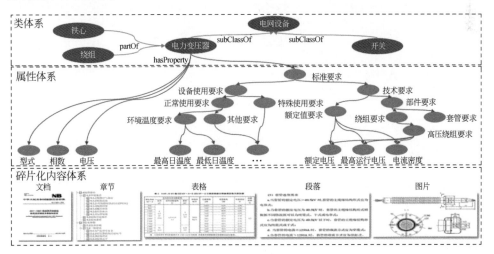

图 5.4 标准知识模型构建

N 公司设备标准知识图谱的数据模型包括三元组模型和图模型。三元组模型是将知识图谱中的知识建模成〈主体，谓词，客体〉的三元组形式，如"电力变压器的正常使用要求下的最高日温度是 45℃"；图模型将知识图谱的知识建模成图的形式。

知识建模可以采用自顶向下的模式，依赖专家的经验，从最顶层概念构建数据模式，逐步向下细化，形成结构良好的分类学层次，然后将实体添加到概念中；也可以采用自底向上(bottom-up)的方法，即首先对实体进行归纳组织，形成底层概念，然后逐步往上抽象，形成上层概念。

N 公司设备标准知识体系构建(本体构建)是基于开放信息抽取的自底向上人机协同电网标准本体构建技术，从电网标准文档中，通过无结构化开放信息抽取、基于文档结构的开放信息抽取技术，对电网文档进行知识抽取，挖掘候选知识标注，并通过置信度计算、专家审核编辑方式对抽取的知识进行修订，提升知识质量；通过专家审核及标注数据作为输入，供模型进行优化与学习，不断提升信息抽取准确率及召回率,大大提升本体构建规模及效率,同时支持万级别知识图谱 schema 构建,并可视化展示知识图谱本体体系。图 5.5 所示为本体构建信息抽取流程。

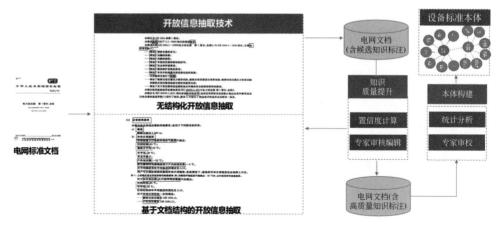

图 5.5　标准本体构建信息抽取

5.1.2.3　电力领域标准词典构建

基于大量的电力领域技术标准及各类文档数据源,自动挖掘出该领域的高质量词汇,例如从电力领域标准中挖掘出"变压器""短路阻抗""电容器"等高质量短语,并挖掘出词汇之间的同义关系,尤其是电力领域的缩略词。在此基础上,结合电力领域资深技术专家的经验,开展专业知识的整理、标注和审核工作,建立符合业务需求的电力领域标准词典,为知识图谱构建过程中实体消歧、属性对齐提供良好的基础。图 5.6 所示为电力领域标准词典构建流程。

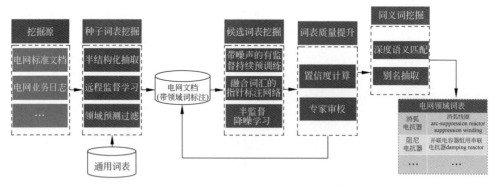

图 5.6　电力领域标准词典构建流程

(1) 种子词表挖掘:以电网标准文档、电网业务日志等为挖掘数据来源,应用半结构化抽取、远程监督学习、领域预测过滤等方式,结合通用词表,实现种子词表挖掘。

(2) 候选词表挖掘:依托带噪声的有监督持续预训练、融合词汇的指针标注网络、半监督降噪学习，以带领域词标注的电网文档作为输入，挖掘、提取电力领域专有名词候选词表。

（3）词表质量提升：通过词表内容置信度计算及专家审校，对词表准确性、完整性进行完善，提升词表质量。

（4）同义词挖掘：对已挖掘及校验词表进行深度语义匹配、别名抽取，挖掘原有词表的同义词，并纳入专有名词表管理，构建电网领域专有名词词表，为知识抽取筑牢基础。

5.1.2.4　电网设备标准知识抽取

对电网设备标准的本体模型及词表进行梳理与构建后，确定所有词汇之间的关系，需要进一步识别出电力领域的实体、关系和属性，作为电网设备标准知识图谱构建的基础。知识抽取包括：

（1）实体抽取。以电力领域标准词典为支撑，从电力领域标准数据源中识别出专有名词，如设备名称、人名、地名、机构名、温度、铭牌要求、检修项目等。通过实体识别技术检测出新实体，并将其加入现有知识库中，通过实体链指技术将已有实体与知识库中的实体进行链接。

（2）关系抽取。利用多种技术自动从文本中发现命名实体之间的语义关系，将文本中的关系映射到实体关系三元组上。支持基于深度学习的知识图谱关系抽取，可抽取出两个或多个实体之间的语义关系，通过训练支持上下位、整体部分、原因结果、实例类型等电力领域的主要关系抽取。

（3）属性抽取。从标准数据源中抽取特定实体的属性信息（包括属性名和属性值），以实现对主要实体的完整描述。

（4）电力领域标准知识融合。面向多个标准数据源抽取的知识，需要通过共指消解、实体对齐、属性对齐、属性值归一化等方式，将多个知识图谱或信息源中的本体与实体进行链接，消除概念的歧义，剔除冗余和错误，形成一个更加统一、稠密的电网设备标准知识图谱。其中，共指消解是指将同一信息源中同一实体的不同标签进行统一；实体对齐是将不同信息源中同一实体进行统一；属性对齐是指识别来自单一或多个数据源的属性之间存在的对应关系，例如，"SF6 气体绝缘"与"六氟化硫气体绝缘"是相对应的关系；属性值归一化是用来规范同一类型的属性值的表现形式，例如 100cm 与 1m 应按照统一的计量单位进行表示。

（5）电力领域标准知识编辑。在进行知识抽取和融合之后，由于在数据来源、数据获取、数据融合等方面存在数据缺失、数据错误、表达不统一、缺乏时效性等质量问题，对知识图谱进行人工编辑和校对，对实体类型、实体间关系及实体属性值进行补全、修正和更新。

5.1.3　应用场景

基于已构建的电网设备标准知识图谱，N 公司从标准使用业务场景出发，建设网级标准数字化平台,设计、构建了多项标准智能应用,包含电网设备标准语义检索、标准知识智能问答、电网设备标准知识智能推荐等,实现标准知识的深度挖掘与应用,提升标准知识利用效率,极大地推动了 N 公司标准数字化工作进程。

(1)电网设备标准语义检索

面对碎片化后的海量数字标准碎片知识,传统的知识检索已经无法满足知识的快速发现、关联。N 公司标准数字化平台利用标准知识图谱,依托电网设备标准知识图谱中标准—设备—属性—属性值多维关联关系,对检索关键词进行泛化、归一,同时开发电网设备标准语义检索,支持标准检索、全文检索、碎片化检索、指标检索等功能。图 5.7 所示为标准语义检索功能框架。

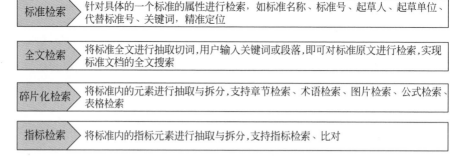

图 5.7　标准语义检索功能框架

相比于传统检索,基于图谱的检索可依据图谱关联关系召回相关结果,实现检索结果的联想;对结果按关联度及类型进行排序,实现标准知识的快速、精准获取,辅助电网生产人员快速查找与应用标准内容。

另外,传统检索仅能按关键词召回标准文档,基于图谱的检索不仅可较好适配、满足用户原有使用习惯,更可以依托图谱,精准召回查询短答案(如指标检索),实现标准知识的高效查找与精准返回,为标准语义检索能力开放应用至业务系统创造条件。

(2)电网设备标准知识智能问答

标准知识智能问答作为最便捷获取标准知识的方式之一,N 公司高度重视,并以数字标准和标准知识图谱为基础构建了标准知识智能问答系统,具备计算、推理能力,集成知识图谱问答、阅读理解问答、智能搜索等核心关键技术,实现人机交互式对话,面向标准业务应用场景提供涵盖标准、设备、部件、机构、人、指标等各类对象的精准问答服务。

依托标准知识图谱的关联与推理能力,结合阅读理解及智能检索技术,N 公司标准知识智能问答服务主要满足短答案、关系问答等多种功能(图 5.8),同时支持数十种提问方式(图 5.9),实现标准知识的全方位问答,极大地提升了广大电网员工获取标准知识的效率。

同时,为了提升标准知识智能问答系统的准确率及召回率,N 公司依据图谱构

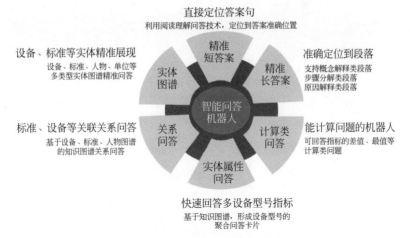

图 5.8　智能问答机器人功能框架

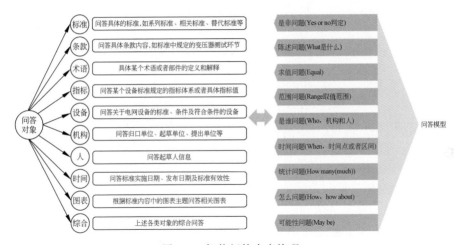

图 5.9　智能问答内容梳理

建时的电力词典,结合业务专家问题及互联网开放挖掘问题,对用户提问进行泛化、理解,并利用电力问答模型进行策略匹配、精排、召回,提升问答体验。图 5.8 展示了智能问答机器人功能框架,图 5.9 展示了智能问答内容。

（3）电网设备标准知识智能推送

N 公司标准知识智能推送基于海量数据挖掘,依托 N 公司标准数字化平台为其用户提供个性化的决策支持和信息服务。标准智能推送功能是指面向具体业务场景精准推送数字标准及碎片化内容单元,依托用户标签、用户画像、场景画像、标准画像,在不同场景下针对用户对标准知识的个性化需求,实现精准匹配及推荐,将标准知识元数据作为数字电网建设基础,赋能数字电网转型。其一般推送场景及内容如图 5.10 所示。

智能是主动式知识服务,系统根据用户和场景自动推送相关知识(标准)。系

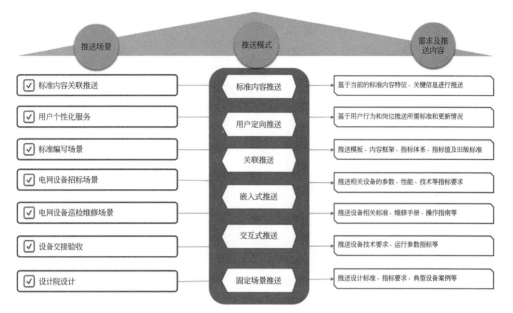

图 5.10　标准智能推荐场景及需求

统需要提供基于主题检索、相关(相似)检索、词向量检索、知识图谱推理多种推送模式,从而满足不同场景下不同用户对标准精准获取需求。

在应用模式上智能推送包括三方面:基于标准具体内容进行推送、基于用户行为的推送、基于应用场景的推送。

一是基于标准内容推送。这种推送实际上是一种知识网络,根据当前的标准内容,自动提取特征并进行推荐,特征表示包括关键词、主题词、词向量等,对于标准来说,需要挖掘标准适应的设备、设备属性、电压等级、指标体系等信息作为辅助推送的筛选条件,从而提高推送精准度。

二是面向用户精准推送。这是基于用户行为日志和用户画像的智能服务:基于 feed 信息流的定向主动服务,需要对用户精准画像,系统自动建立用户的画像系统,并根据用户行为日志动态更新。

三是面向应用场景推送。场景化自适应智能知识服务,根据对场景的画像自动汇聚知识、主动服务场景中的不同用户角色,在不同的工作场景下需要不同的技术标准,并能精准定位到标准条款及指标。

5.1.4　应用成效

目前,N 公司已初步建成面向网级的标准数字化平台。平台包含设备实体、组部件实体及概念实体总规模上万个,标准知识规模总量十万余条,为标准智能化应用奠定了基础。

平台集成了基于标准知识图谱的语义检索、智能问答及智能推荐功能,支持基于数字出版模型的标准数字阅读、标准内容比对、指标差异化分析及数字标准在线编写等功能；同时，依托电网云能力，平台将标准智能化业务微服务化，实现标准智能服务的快速调用、规模应用。

目前通过电网设备标准知识图谱的不断扩充及其上层服务模型的不断优化、应用，电网标准知识问答准确率及召回率均超过 90%；其推荐能力嵌入标准在线编写工具，同时结合图谱实体链指技术，实现标准编写复杂度减少 80%。N 公司大力推进标准知识赋能电网运营管理工作，在规划、采购、设备检修等场景，嵌入标准知识问答、推送等智能化服务，大大减少一线员工查阅成本，提升工作效率，标准数字化工作已经成为 N 公司数字电网建设的基础性、关键性工作。

5.2 基于标准知识图谱的设备故障智能维修决策实践

伴随电网规模不断扩大，电压等级不断升高，电网业务不断扩宽，急需加强对电力作业制度和标准的管理，进一步提升智能化管理水平。通过智能搜索技术，实现工人对获取制度标准需求的快速响应和智能推送；通过知识图谱技术，形象描述知识资源，挖掘、分析、构建、绘制和显示知识及它们之间的相互联系；通过深度学习技术，实现对电力设备故障的科学研判和智能决策。在业务层面，建立的标准数字化知识图谱不仅要实现对作业流程制度标准全面的支持，更要实现智能分析、主动推送功能。在管理层面，通过项目的建设，大幅提升制度标准在电力治理体系中的作用，助推电厂卓越管理能力质的改善，推动管理创新思路的飞跃。

5.2.1 应用背景

电力行业存在以"多口径、大规模、常更新"为特征的各项制度标准，是工人日常作业的重要信息来源。传统依靠工人对业务知识、经验的记忆和文档查阅，难以适应未来泛在物联网实时、在线、海量数据处理的需求，必须改变知识的传承和使用的模式。

建设电力设备领域标准数字化知识图谱，可以将制度标准的具体条款与工人行为、管理流程、业务场景精确衔接和适配，进而为工人提供易获取、互动性强、学习效率高的知识平台，提升公司工人获取制度标准的便捷性和有效性；量化制度标准执行情况分析手段，使制度标准内化为工人的自觉行动，大力推动公司治理体系完善和治理能力提升，为公司依法治企提供数字化引擎。

目前该项目搜集了已发布的电力设备相关的国家标准和行业标准文档，其中包含相关术语定义，电网各业务领域、各层级岗位设备缺陷判断指标和针对缺陷的解决方案。相关数据一般以文本形式存储在纸质或电子媒介中，在信息表达时采用自然语言进行描述。目前自然语言信息的提取、表示、分析尚存在一些问题。在内容方面,通用性不强、可操作性缺乏、协同性偏弱;在执行方面,查询检索不便捷、宣贯培训不到位、缺乏行之有效的执行方式;在监督检查方面,监督检查流于形式、问题反馈渠道不畅通等。

针对上述问题,本实践案例研究提出了制度标准数据化、智能化管理的解决方案。

5.2.2　解决方案

5.2.2.1　系统简介

本系统的主要工作流程为:首先对设备相关的标准制度文档数据进行预处理,同时识别和抽取出独立要素(段落、图片、表格、公式等),形成规范的数据内容及上下文关系,用于后续的人工标注和 NLP 识别处理。其次结合本体构建技术和知识抽取技术对海量非结构化的文本数据中包含的词、语法、语义等信息进行标识、理解和抽取相应的条款和制度标准,挖掘其中存在的规定和要求,提取条款中的关键文本特征,构建制度知识图谱。最后通过电网制度智能问答技术,对用户输入的自然语言问句进行语义解析,理解关键诉求,结合知识库中的知识条款,实现人机间的智能交互问答。

对于制度标准,本系统中的知识生产模块根据定义的图谱结构进行信息抽取并入库。抽取技术面向电力领域专业文本,基于改进的语言模型、信息抽取算法,提出了适用于电网制度的文本特征提取方法,可以高效提取文本有效信息。

本系统中知识构建模块针对电力制度领域,提供知识图谱构建的基础框架,为基础部署环境、知识图谱本体构建管理、知识图谱抽取前端交互功能、知识图谱查询和计算服务、知识图谱存储、后台的系统管理和调度运维服务等组件提供工程化,提供知识图谱生产、存储和查询计算支撑能力。

本系统中智能问答技术中建立了基于知识图谱与智能问答技术的语义理解和智能搜索体系,推动了电网制度管理交互的智能化,可以通过对问题上下文语义的理解,实现交互问答,如图 5.11 所示。

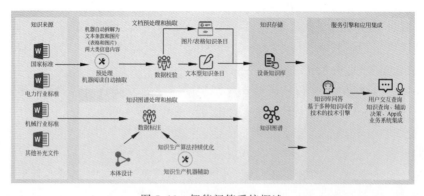

图 5.11　智能问答系统概述

5.2.2.2　技术路线

（1）电力制度领域知识本体构建

本实践通过以下步骤实现了领域本体的有效构建，如图5.12所示。①创建类。如公司、部门、设备、岗位等。②类之间可以定义互斥关系，比如国家电网属于公司，不能属于部门。类设计的原则为独立性、共享性。前者指独立存在而不依赖特定领域，后者指可复用。此外，本体的类应该尽量最小化。③定义类之间的关系。如设备包括部件、具体设备部位等。④创建数据的属性。数据属性连接的是文本而不是实体。数据属性是叶子节点。

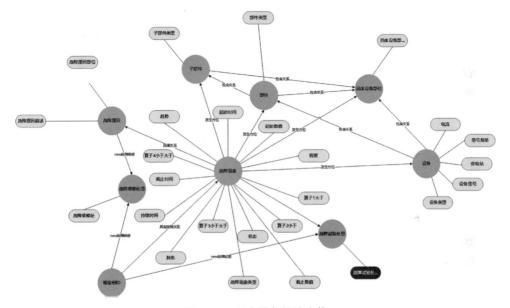

图5.12　电力设备领域本体

通过上述步骤，基于制度标准Excel数据结构及用户的查询使用需求分析，两者结合后，通过数据工程梳理，围绕规定名称、岗位、适用设备等制度标准核心概念，梳理制度标准概念及其关系，设计制度标准管理的图谱本体，实现本体的通用性和适用性等特性。

（2）电力制度领域知识生产

制度标准属于非结构化数据，并夹杂半结构化数据，需要人工拆解得到中间状态的半结构化数据，通过知识图谱抽取功能进行抽取。

制度标准不同于普通文档，包含了不同层级的标题信息，段落中包含多条独立条款信息。针对文档的特殊性，系统在拆解流程通过预置的正则对文档的大小、标题和内容进行拆解，把文档拆分为标题和不同段落。通过预定的规则和人工校验的方式，以条款为单位，将段落进一步拆分为不同条目，如图5.13所示。

系统基于拆分完的条目和所对应的标题信息，进行抽取任务。系统将基于信

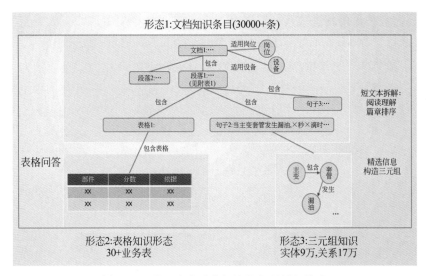

图 5.13　基于半自动化标注的条目拆解技术

息抽取的知识图谱构建过程分为四个主要步骤：实体识别、槽填充、关系抽取、事件抽取。抽取工作分两个阶段，先期通过人工标注协助，提供数据标注服务沉淀数据，用于训练算法；算法提升后，后续可以逐步减少人工标注，逐步由系统来完成抽取，最后图生产入库。

对于非结构化数据或者半结构化数据源，首先要发布抽取训练任务，由管理员定义好抽取规则、抽取目标及抽取数据源，再以"众包"模式发布抽取训练任务给执行人，由执行人借助非结构化抽取工具，训练 NLP 相关抽取算法引擎，进而训练一套专项抽取算法模型，用于机器自动批量抽取数据，如图 5.14 所示。

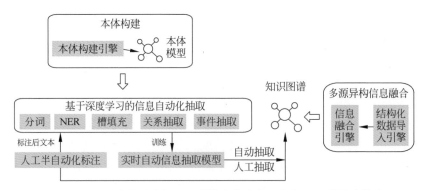

图 5.14　基于半自动化标注的制度类信息抽取与知识图谱构建技术

（3）电力制度领域知识问答应用

首先，针对条款级查询，问答系统利用语义解析在线抽取得到的问句子图信息和文本信息，将二者相结合，然后对问句的大类意图进行判别，基于不同的意图在已有的知识图谱上对问句关键信息进行搜索，筛选可能包含答案所需的制度子图。

在上述抽取任务中,通过给问句抽取出的核心信息和不同的匹配方法分配不同的权重和阈值,实现了问句语义在已有知识图谱中的准确匹配,从而获得了基于现有数据库的具有最高置信度的答案范围。

其次,针对条款内容的精准查询,问答系统通过意图和答案颗粒度的匹配程度,结合知识问答系统和阅读理解模型为问答引擎提供了多层次的精确问答。前者解决了结构化制度条款的查询与问答,后者解决了更细粒度的细则级别的精确答案搜索。针对同一本制度标准条款,工作人员的问询意图可能不同,根据数据来源采用不同的路径寻找答案,机器阅读理解在此基础上,解答和文本信息相关的问题。业务上,可以帮助业务人员从大量文本中快速聚焦相关信息,降低人工信息获取成本。具体做法为,基于第一步篇章排序的结果,研究构建 MRC 机器阅读模型,理解自然语言,从文档/段落中抽取一个连续片段,根据给定的上下文回答问题。机器阅读理解可以形式化为一个关于〈文档,问题,答案〉三元组的监督学习问题,研究聚焦在"片段抽取式"方法的机器阅读理解任务。

最后,为不断修正和提升知识问答的准确率,在问答系统中引入反馈模型。通过收集用户对问题答案的相关性反馈,结合主动学习、在线学习等方法,本实践中智能问答系统可以不断调整算法参数和专家系统的权重,并利用运维人员和用户对专家知识补充,挖掘以往知识图谱中不存在的新知识与答案,形成新的实体及关联,迭代提高智能问答引擎的语义认知和理解能力。

5.2.3　应用场景

本系统基于标准知识图谱,结合智能识别、自然语言处理技术,搭建起工人与制度标准之间的友好交互桥梁,从而解决工人查阅不便、检索困难等痛点。一是实现工人对制度标准条款级的查询。二是基于知识图谱建立制度标准条款与岗位、流程之间的关联关系,实现精准定位查询。标准数字化知识图谱的建立,有利于条款级的查询和条款内容的精准定位。

通过语义解析技术引擎对输入的搜索语义分析,封装为查询子图,由查询子图定义特定的标准搜索场景,场景中包括实体、关系、属性等信息,到平台提供的知识图谱平台中匹配三元组关系,找到满足搜索需求的相关答案子图,将答案按规则组合成要返回的信息或知识,对于要返回的知识,通过智能推荐引擎的优先级算法排序,将答案组按推荐顺序提供给上层应用场景。工人即可以通过语音、文字、图像等多种形式对制度标准进行精准查阅和学习,使工人与制度标准间的沟通更形象化、人性化,为工人现场作业及业务工作开展提供辅助智能决策能力。

5.2.4　应用成效

在硬件资源充足且索引合理的情况下,本系统可以实现亿级节点及边规模的多维度查询。在 5 层关联查询范围内,在返回结果集大小一定的情况下(一般小于

1000 条),能做到毫秒级返回。对于复杂子图匹配场景,根据不同召回策略和精排策略,系统的性能表现会有所不同,而当一般匹配规模在 300 个子图以内时,返回时间做到秒级返回;核心业务类 NER 算法 F1-score＝80％,其中设备类 NER 算法 F1-score＝85％;工业指标、数值与时间类 NER 识别算法 F1-score＝90％,实体链接算法 F1-score＝88％;属性值抽取算法 & 属性值推理算法的 top5 属性值抽取 F1-score＝70％;状态属性推理 F1＝82％;设备故障问答 top3 准确率达 86.20％。如图 5.15 所示,对于问题"量度继电器和保护装置振动试验的频率范围及偏差",通过条款级查询,按照重要度排序,找到 43 个搜索结果,每个结果分别对应一个条目。采用 MRC 算法寻找细颗粒度的指标信息("频率范围"),进行精准匹配,并高亮重要信息。

图 5.15　最终答案

5.2.5　未来展望

对于某系统,技术上需要提高图谱自动化的准确率,提升系统对复杂问题的回答范围和上下文理解能力;在产业应用上,需要扩展覆盖不同领域的制度,服务不同岗位的工人,将问答应用和交互技术结合,提升制度管理效率。

(1)目前图谱构建需要大量的专家意见和人工标注,后续应进一步完善自修正技术,逐步提升制度图谱实体、关系、事件的自动化抽取的比率与准确率。

(2)后续需建立涵盖不同类型制度、适用不同岗位工人的系统,同时提升不同领域之间快速迁移的能力。

(3)在继续增加制度标准图谱数量的基础上,继续开展推广工作,扩大系统适用范围,增强提升 AI 能力。深化知识体系的沉淀、融合与应用,最终实现对制度管理效率的提升。

(4)进一步提升系统对复杂问题的理解回答的能力范围和准确率,充分结合交互上下文信息和语义理解技术,提高对包含逻辑推理、统计推理、比较推理等更复杂问答场景式交互问答的准确率,使知识问答系统对用户问题的认知理解能力更强。

(5)将基于制度知识图谱的智能问答应用与友好的交互技术结合,实现文字、语音、图像多种与用户的互动方式,主动为工人提供友好、人性化的工作学习氛围,将智能知识问答系统做成示范应用。

5.3 标准法规智库中可视化、智能搜索、智能推荐和智能问答应用

5.3.1 应用背景

汽车领域技术含量高,覆盖多项国家标准、行业标准和企业标准。一些技术标准晦涩难读,标准知识碎片化,增加了标准知识的获取难度。同时,目前通过全国标准信息公告服务平台、工标网和中国标准在线服务网等网站等只能实现标准的一般检索,检索效率和准确度较低。因此,开展快速和准确的检索,并实现智能推荐和智能问答是企业一大需求。

标准法规智能系统平台(以下简称"标法智库")是某企业正在开发的系统,旨在统一存放国内外汽车相关的标准法规文本,供员工进行标准可视化、标准检索、智能推荐等,挖掘标准数据深层价值,打破标准法规数据孤岛,使标准数据互联互通,利于公司内部决策支持。

5.3.2 解决方案

基于标法智库中汽车相关标准的互联互通、智能搜索、智能问答等需求,搭建的核心功能有知识应用服务、知识管理、知识工厂、知识获取、知识存储五大维度,平台功能架构如图 5.16 所示。

图 5.16 功能架构图

（1）知识应用服务：提供多样化的知识应用服务。

（2）知识管理：显性化知识管理及反馈迭代，打造企业持久竞争力。

（3）知识工厂：便捷高效场景化的知识构建流程，降低企业落地成本。

（4）知识获取：通过自然语言解析、语音识别等技术实现多种数据的自动感知、获取、提取。

（5）知识存储：提供多种结构数据的存储能力。

其中主要的关键技术有非结构化知识抽取技术、知识图谱一体化构建技术、知识计算技术，知识图谱工具平台架构如图 5.17 所示。

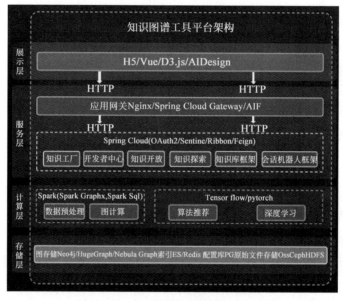

图 5.17　知识图谱工具平台架构图

（1）非结构化知识抽取技术：支持图片、文档、网页元素、语音等非结构化数据中知识信息的自动提取，借助深度学习算法，充分挖掘大数据的潜在知识价值。

（2）知识图谱一体化构建技术：通过顶层本体设计模型与数据源配置，低门槛快速实现一键智能图谱构建（知识抽取、加工和存储的过程），提升图谱构建效率与用户操作体验。

（3）知识计算技术：基于图计算、图神经网络和传统深度学习技术，构造基于知识图谱的一系列场景化预训练模型（推荐、预测、分类等）。可快速对接上层应用，实现不同行业的同类型场景模型的高度复用。

5.3.3　应用场景

运用标准知识图谱技术，将汽车产业各类标准在标准法规智能系统平台内生成图谱，如图 5.18 所示。用户通过点击等操作便可以实现标准内容的寻找。如在查询发动机排放标准时,可以在图谱中直接点击某类发动机对应的汽车标准号,快速展开标准文档,系统会自动对应相关文本,提高用户阅读效率。同时,基于图谱可以快速呈现标准内容之间的关系,原有碎片化的知识通过图谱逐步串联为若干关系网络。

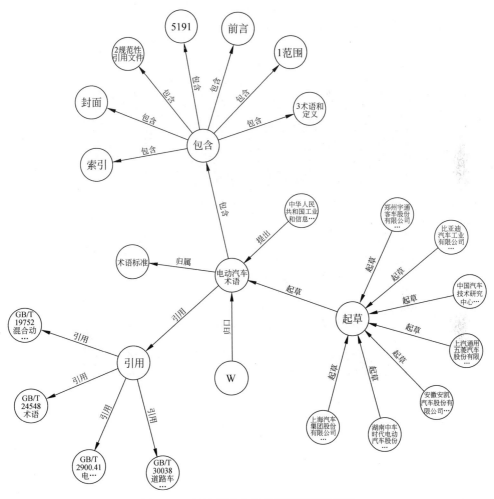

图 5.18　标法智库中汽车标准图谱示例图

通过标准知识图谱实现标准全文检索,用户检索时,检索程序根据事先建立的索引查找,将检索的结果反馈给用户,用户可基于图谱快速检索标准。基于图结构化数据间的关联性推理运算,挖掘隐藏关系,系统可以自动将相关标准,如实现场景化、任务型的相关标准进行推荐。用户根据系统推荐的标准,了解产业相关标准,如图 5.19 所示。

对汽车标准知识图谱进行检索与推理,完成图谱内推理,进而进行问答,推荐关联度最高的标准,便于用户学习及应用,如图 5.20 所示。

图 5.19　标法智库中汽车标准智能推荐示例

图 5.20　标法智库中智能问答系统示例图

5.3.4　应用成效

5.3.4.1　构建全关联知识图谱——千亿节点百亿边知识图

如图 5.21 所示,可视化、协同的知识图谱构建流水线,提供多源数据管理、本体设计、自定义算法、场景化模型算法开发、图谱定义开发等服务。通过可视化的图谱构建界面,构建一个完整的、全关联新能源汽车行业标准知识图谱,实现行业标准全关联覆盖,支撑标准关联分析及应用。

图 5.21　汽车标准知识图谱可视化示例

5.3.4.2　文本的智能识别——提取准确率达到 98.9%

利用自主研发的 OCR 与 NLP 技术结合,实现对汽车标准文档图像中 6 种类别(纯文本、标题、表格、图片、列表、公式)的分类及解析识别。结合场景化深度学习算法,提供统一知识提取及标注功能,实现对来源及结构复杂的标准文件的数据解析及预处理,获取行业标准的知识,为基于行业标准的知识融合及应用提供基础。图 5.22 所示为文本智能提取识别图。

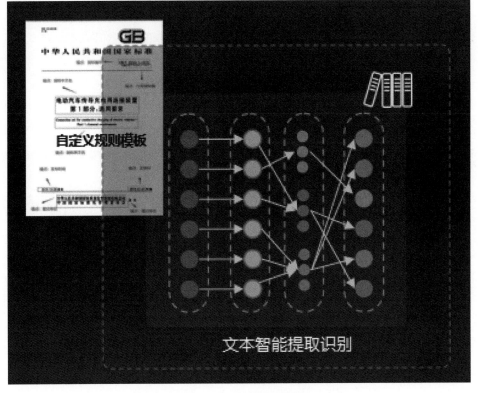

图 5.22　文本智能提取识别

5.3.4.3 新能源汽车标准知识库——形成汽车相关标准的知识库

基于汽车相关标准构建知识库的整体管理框架、分类管理体系,使信息和知识有序化,实现行业标准资产规范化管理,提高知识利用率,且基于行业标准构建知识库的方案框架便于移植。基于新能源汽车标准,解析 168 份新能源汽车标准文本,形成规范化电子文档标准库,利用知识融合推理构建行业标准知识库,支持知识快速检索和智能推荐。知识库如图 5.23 所示。

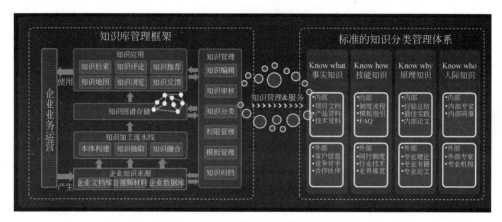

图 5.23 汽车相关行业标准的知识库

5.3.4.4 精准的智能检索、推荐、问答——检索准确率达 90％以上

实现平台内全关联知识图谱的可视化,通过任意节点可以进行该节点关联关系的可视化探索及分析,并提供智能检索,通过自然语言的提问,智能推荐相关标准文件。提供汽车相关标准全文检索,搜索任一标准相关内容,多方位反馈用户相关检索数据,知识检索准确率达 90％以上,检索速度低于 3 秒,如图 5.24 所示。

图 5.24 问答检索、全文检索、智能推荐示例

5.4 智能航空装备标准数字化应用

5.4.1 应用背景

在航空装备领域,目前标准信息服务多是以"主题词"为核心,以"资源、索引和元数据"为资源组织要素的服务模式。这样的服务模式不能有效地深入标准内部,难以表达标准的内在技术联系,如章条、段落、术语、指标、产品、概念、实体等,更无法表达句子、概念的语义、语境关系等,难以为用户提供语义化的、多维度的标准知识服务,并且缺乏标准大数据分析决策能力,也不能主动推送到装备研制人员的工作桌面。随着人工智能、大数据和云计算技术的发展和应用,知识图谱技术应运而生。知识图谱是人工智能由"感知智能"向"认知智能"迈进的里程碑标志,目前在国内外各领域有着广泛的研究基础和应用实践。本项目利用知识图谱技术,在现有航空装备标准数字化资源的基础上,建立起一套通用规则抽取体系、本体模型及应用平台,构建高质量的航空装备标准领域知识图谱,有利于充分挖掘航空装备标准数据资产的价值,提高航空装备标准整体贯彻实施效能,支撑航空制造业数智化转型升级,并促进人工智能技术在军用标准化领域乃至装备研制领域的应用,具有重要的研究和实践意义。

5.4.2 解决方案

航空装备领域标准知识图谱解决方案如图 5.25 所示。

图 5.25 航空装备领域标准知识图谱解决方案

5.4.2.1 航空装备标准语义化预处理

现有的标准和知识都是以文本的形式保存在数据库中,计算机不能有效识别和理解其语义。为了提高标准的机器可读性,需要建立通用的语义化模型(Schema),并对标准全文进行语义化处理和转换。标准语义化模型分为标准基本信息模型、标准内容信息模型、特定技术要素模型、标准指标信息模型和标准表述信息模型等多个方面:

(1)标准基本信息模型:基本信息模型包含诸如标准号、分类号、中英文名称、起草发布单位等的状态信息,是标准的共性元素,如图 5.26 所示。

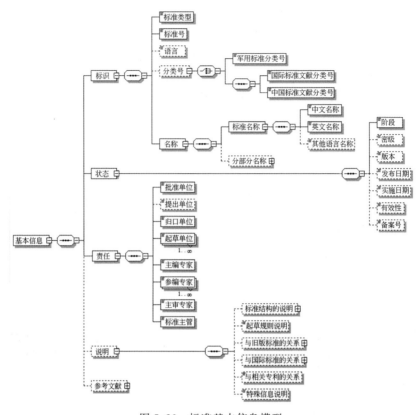

图 5.26　标准基本信息模型

　　(2) 标准内容信息模型：内容信息模型包含诸如范围、术语、章条、图表、附录等要素，是标准的个性元素，如图 5.27 所示。

　　(3) 特定技术要素模型：不同类型的标准，其核心技术要素是不同的。比如试验方法标准特定要素信息包括试验目的、试验原理、试验条件及要求、试验程序、试验收尾等。规范核心要素信息包括要求、质量保证规定、交货准备、说明事项等，如图 5.28 和图 5.29 所示。

　　(4) 标准表述信息模型：表述信息表达内容信息的描述方式，如图、表、公式、列项、段落、示例等，如图 5.30 所示。

5.4.2.2　航空装备研制知识体系梳理

　　为了更好地设计标准概念关联模型（标准本体），本项目需要在行业主题词表的基础上，进一步梳理各类典型装备研制相关的知识体系，如产品分解结构（产品体系）、装备研制程序（活动体系）、装备标准体系、典型产品（标准件、材料、元器件）标准技术指标体系等，如图 5.31～图 5.36 所示。

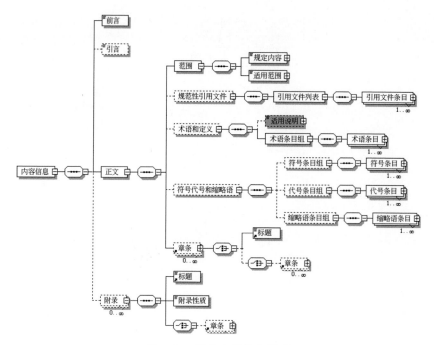

图 5.27　标准内容信息模型

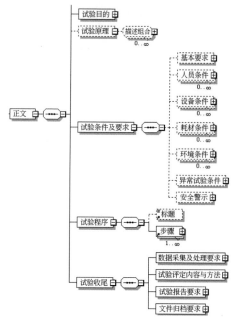

图 5.28　特定技术要素模型(试验方法)

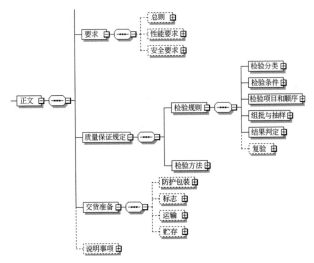

图 5.29　特定技术要素模型(产品规范)

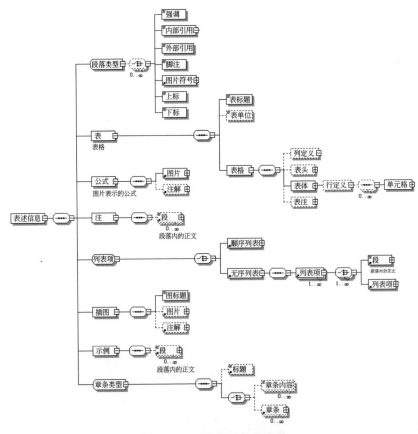

图 5.30　标准表述信息模型

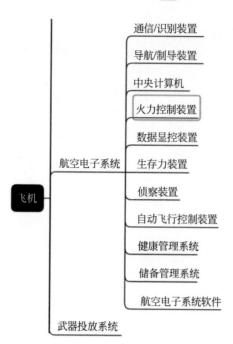

图 5.31　产品分解结构

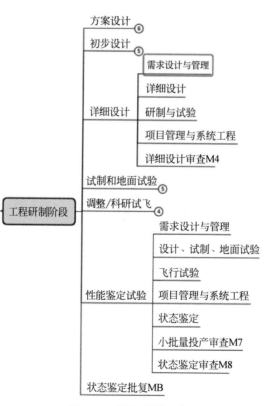

图 5.32　装备研制程序

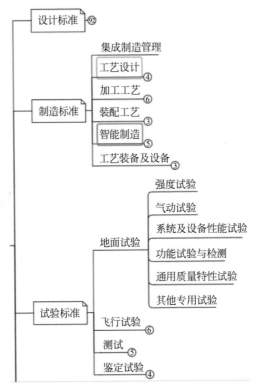

图 5.33　装备标准体系

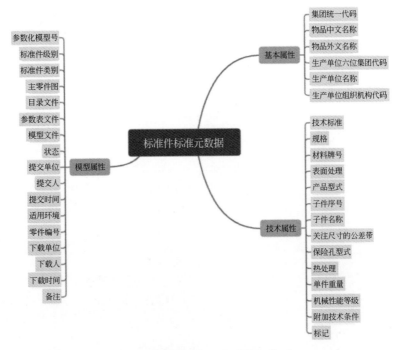

图 5.34　标准件标准技术指标体系

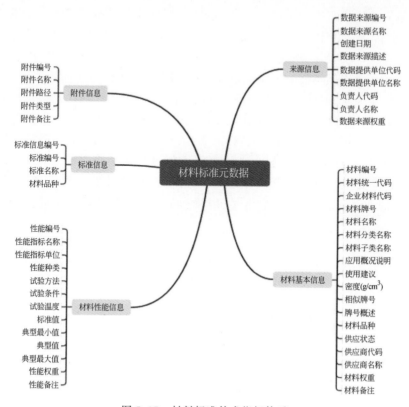

图 5.35　材料标准技术指标体系

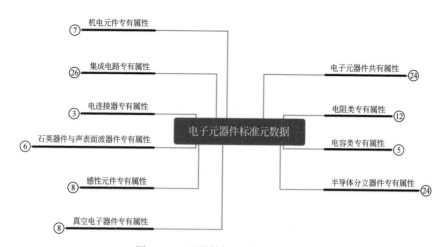

图 5.36　元器件标准技术指标体系

5.4.2.3 航空装备标准领域本体建模

经过对标准相关实体的梳理分析,航空领域标准本体模型需要包含标准、章条、技术指标、发布单位、人员、标准制修订项目、装备产品体系、标准体系、研制活动体系等9类以上相关概念或实体。标准本体模型由多个本体组成,其中每个本体大类分成多个本体小类。本体模型与标签体系是一种融合的关系,如图5.37所示。本体中定义了标签、实体、属性、关系,也是知识图谱中的四种元素。其中标签除了包含标准体系架构各个层级信息之外,还包含数据库结构中一些有明显分类属性的实体;实体是客观存在的实物,例如,人员、机构、术语和标准等;属性是依附于实体的实体描述信息;各个实体之间不仅可以用关系直接关联,也可以通过标签、实体或属性间接关联。确定语义关系是构建本体的重要环节,需要具备专业知识的业务人员遍历每个语义种类之间可能产生的关系并进行细化,见表5.1。

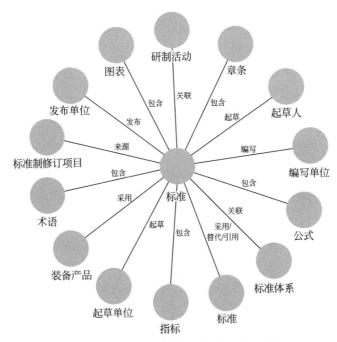

图 5.37　航空装备标准本体模型(第1层)

表 5.1　常见实体类别与关系属性

序　号	实体/概念	实体/概念	关　系
1	标准	装备产品体系	适用关系
2	标准	研制活动体系	关联关系
3	标准	标准体系	隶属关系

续表

序　号	实体/概念	实体/概念	关　系
4	标准	标准制修订项目	来源关系
5	标准	标准章条	包含关系
6	标准	技术指标	包含关系
7	标准	图/表/公式	包含关系
8	标准	标准技术指标	包含关系
9	装备产品	标准技术指标	属性关系
10	标准	标准	引用关系
11	标准	标准	替代关系
12	标准	标准	采标关系
13	标准	归口单位	归口关系
14	标准	起草单位	编制关系
15	标准	起草人	编制关系
16	标准	发布单位	发布关系

5.4.2.4　航空装备标准知识图谱构建

航空装备标准知识图谱的构建需要对不同专业、不同类别、不同体系的标准数据进行提取,形成标准知识后再存入标准知识图谱中。标准数据的多样性决定了如何高效、稳定地从不同的数据源接入数据至关重要,数据的质量将会直接影响标准知识图谱的规模、实时性及有效性。依据现阶段标准数据的样式可以分为两类:

第一类是以标准基本信息为代表的结构化数据,这类数据通常以关系数据库(MySQL、Oracle等)为介质,实现关系型数据或开放链接数据的存储。此外,标准结构化数据中还存在一些复杂关系,如引用关系、替代关系、编写关系、归口关系、发布关系、包含关系、隶属关系、分类关系等,这些关系也是标准知识抽取的研究重点,需要研究标准间的映射规律;基于结构化标准数据的知识抽取主要是指对标准的题录信息和碎片化的标准内容信息进行知识图谱构建,其核心是定义标准间的映射规则。

第二类是以标准文本为代表的非结构化数据。非结构化数据在不同标准中的内容存在较大的差异,具有较高的抽取难度,同时还需要保证知识抽取的准确率和覆盖率。此外,非结构化数据构建知识图谱相对于结构化数据构建知识图谱也要更复杂,其过程包含了实体识别、关系抽取相关的训练集构建和深度学习模型构建,如图5.38所示。

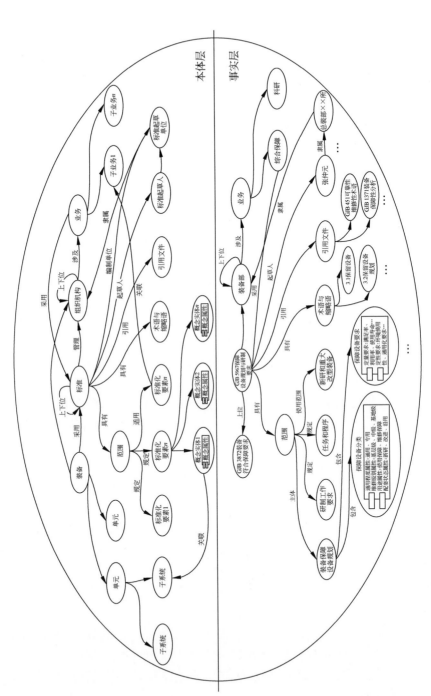

图 5.38 航空装备标准知识图谱示意图

5.4.3 应用场景

5.4.3.1 标准知识语义搜索

构建标准知识图谱的终极目标是实现标准化领域相关事物的互联,标准语义搜索的首要目的就是标准化事物(标准、装备产品、研制活动、技术指标、机构、人员、时间)的直接搜索。标准知识图谱和语义技术提供了关于这些事物的分类、属性和关系的描述,使得搜索引擎可以直接对事物进行索引和搜索,能够为用户提供更直观的搜索方式,且能够提高搜索效率和搜索精准度,标准语义搜索如图 5.39所示。

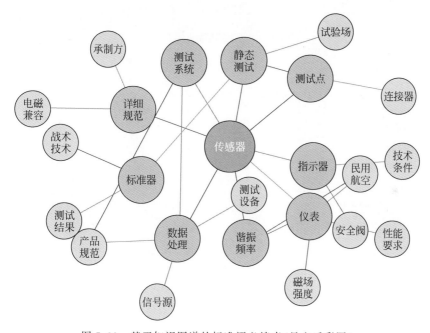

图 5.39 基于知识图谱的标准语义搜索(见文后彩图)

5.4.3.2 标准知识智能推荐

基于标准知识图谱的智能推荐具有两方面的优势:一是以图谱知识为支撑,能够提高推荐系统的准确性;二是以图谱关系为纽带,能够为推荐系统提供可解释性。知识图谱作为先验知识可以为推荐算法提供语义特征,引入它们可以有效地缓解数据稀疏问题,提高推荐模型的性能。本项目结合标准知识图谱的特点及航空装备标准多样化的应用场景,开展标准知识智能推荐/推送技术研究,研究标准画像、场景画像、用户画像,提出标准智能推荐的技术架构和典型应用场景,在不同场景下针对用户对标准知识的个性化需求,支撑实现精准匹配的推送。标准知识智能推荐典型场景如图 5.40 所示。

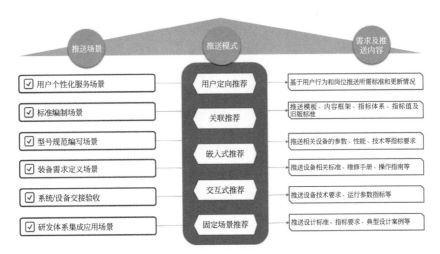

图 5.40　标准知识智能推荐典型场景

5.4.3.3　标准知识智能问答

基于知识图谱的问答(以下称"知识问答")是智能问答系统的核心功能,是一种人机交互的自然方式。知识问答依托一个大型知识库(知识图谱、结构化数据库等),将用户的自然语言问题转化成结构化查询语句,直接从知识库中导出用户所需的答案。知识图谱是实现人机交互问答必不可少的模块。本项目结合标准知识图谱的特点及航空装备标准业务应用场景,开展知识图谱问答、阅读理解问答、智能搜索等技术研究,提出智能问答机器人的典型应用场景和问题模式。智能问答机器人能够以数字标准和标准知识图谱为基础,将知识图谱问答、阅读理解问答、智能搜索问答等核心技术进行集成,实现人机交互式对话,面向标准业务应用场景提供涵盖标准、设备、部件、机构、人、指标等各类对象的问答式精准搜索,标准问题模式如图 5.41 所示,标准知识图谱智能回答问句类型见表 5.2。

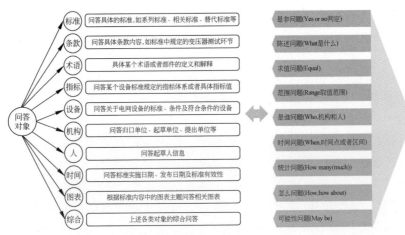

图 5.41　标准问题模式

表 5.2　标准知识图谱智能问答问句类型

类　别	问句类型	问句示例
链式问题	单跳链式	GJB 1015 的起草单位是什么？
	两跳链式	航空数字样机的相关标准有哪些？
	多跳链式	GJB 107B 对航空轮胎结构设计的基本要求有哪些？
约束问题	实体约束	航空 301 所起草的标准有哪些？
	时间约束	2018 年颁布的可靠性标准有哪些？
	数值/指标约束	公称直径为 12 的螺栓符合××部件装配要求吗？
	序数词约束	航空炸弹试验方法第 3 部分包含哪些要求？
	多变量的约束问题	飞行器低速风洞、高速风洞、激波风洞试验的设计准则是什么？
	多关系的约束问题	GJB 2116 的起草单位、提出单位、发布单位分别是什么？
比较推理	比较判断	××与××型号飞机的最大飞行速度相同吗？
	比较计算	××比××型号飞机的最大飞行速度快多少？
	比较选择	××与××型号飞机相比谁的飞行速度更快？
其他类型	询问关系	民机与军机适航性准则的区别有哪些？
	无实体问题	试飞阶段需要进行哪些验证试验？

5.4.3.4　标准知识大数据分析

标准知识大数据分析通过结合问答、推理、检索、推荐等方面信息，分析标准采贯情况与分布领域，为用户提供信息获取的入口，如图 5.42 所示。对于标准大数据分析与可视化决策支持，需要考虑的关键问题是：如何借助大数据以可视化的方式辅助用户快速发现标准业务模式。标准大数据分析支持多种交互、探索概念关系、挖掘隐式信息，有助于标准研究人员快速了解和预测标准技术动态，有助于

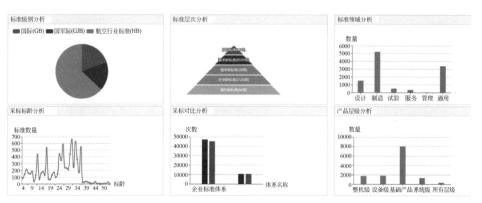

图 5.42　标准知识大数据分析(见文后彩图)

在复杂的研制标准信息中开辟新的未知领域。直观展现的可视化图像不仅可以挖掘、分析和显示该领域的知识、联系、历史路径和发展前沿，还可以为后续标准研究与制修订提供合理化建议。

5.4.3.5　标准知识集成应用

航空装备标准是整个航空装备产业的技术和经验的结晶，可以说航空装备标准其实就是经过规范化和提炼总结的航空装备基础知识体系。因此航空装备标准知识图谱本质也是航空装备领域知识图谱的基础，不仅可应用于标准制定、标准检索、标准问答、标准分析等方向，将来还可以集成应用到航空智能制造各个领域。目前在航空制造业领域的典型集成应用有：

（1）标准知识图谱在装备研制文件编制过程中的集成应用

如图 5.43 所示，在航空装备标准知识图谱的基础上，开发 Word 或者 WPS 集成应用插件，实现了标准知识图谱与文件编写软件的无缝集成，并提供技术文件的快速编辑、自动检查、智能优化、知识推送等功能，使标准知识有效融入文件编写和审查过程中，为企业技术文件质量提升提供一套标准化的解决方案，提高标准知识的应用能力和标审能力。

图 5.43　标准知识图谱在装备研制文件编制过程中的集成应用

（2）标准知识图谱在装备需求定义过程中的集成应用

如图 5.44 所示，在航空装备标准知识图谱基础上，利用二次开发技术，开发相应的需求定义软件（如 DOORS）的集成应用插件，为企业提供可关联、可对比、可追溯和可分析的标准知识图谱数据，并实现了装备需求定义条目与标准条款要求的动态追溯，使标准有效融入 MBSE 数字化研制体系中，充分发挥军用规范的"设计支持"和"验证依据"的作用。

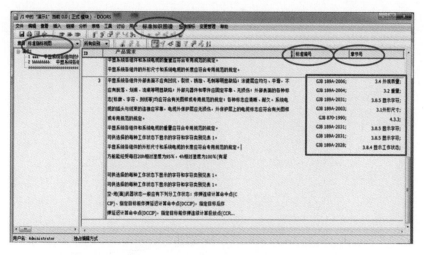

图5.44 标准知识图谱在装备需求定义过程中的集成应用

5.4.4 应用成效

本项目形成了航空装备标准智能化应用平台,如图5.45所示,支撑实现航空领域标准知识图谱的构建和应用,打通了知识建模、知识存储、知识抽取、知识融合、知识推理、知识应用标准知识图谱构建的全生命周期过程。平台主要功能如图5.46所示。航空装备标准智能化应用平台包括标准信息智能加工子系统、标准文本语义挖掘子系统、标准知识图谱构建子系统和标准知识融合应用子系统四大部分。平台主界面如图5.47所示,标准文本智能加工界面如图5.48所示,标准智能问答界面如图5.49所示。

图5.45 航空装备标准智能化应用平台总体架构

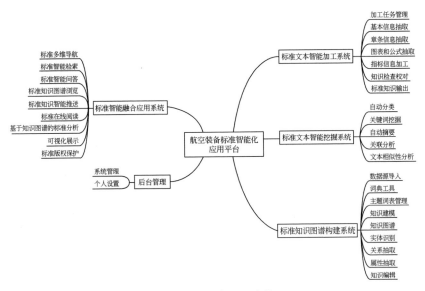

图 5.46　平台主要功能

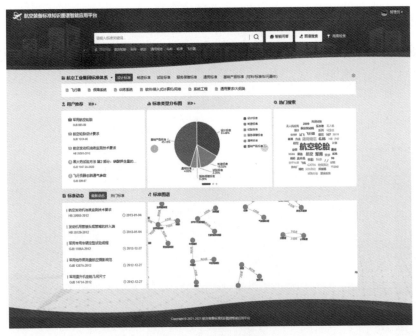

图 5.47　平台主界面

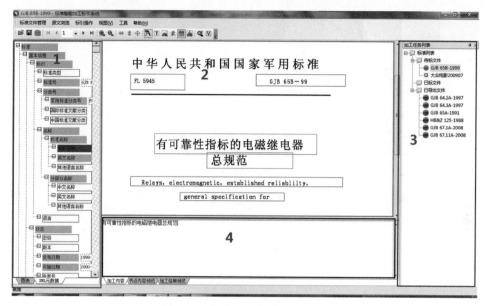

图 5.48　标准文本智能加工界面

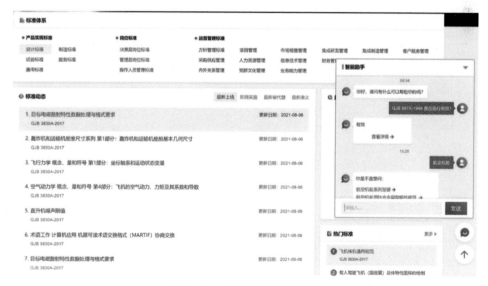

图 5.49　标准智能问答界面

5.5　城轨关键设备标准数字化智能运维应用

5.5.1　应用背景

城市轨道交通作为高速、大容量的公共交通工具,其安全性、可靠性直接关系到乘客的人身安全。关键设施设备是城市轨道交通运营的基础,其工作状态是否稳定对轨道交通安全至关重要。在生产运营过程中,对关键设施设备工作状态的监测会产生海量信息数据。这些数据作为新的生产要素,将带动轨道交通业务和管理模式向"数据驱动型"转变。如何利用这些数据为城轨运营工作及维护作业提供数据支撑、为运维维护体系向预防性维修转变提供数据积累,是目前轨道交通行业向智能化、智慧化发展的根本问题。

为了解决该问题,依据轨道交通运营业务、运维业务、维修管理相关团体标准和行业标准定义的知识体系形成轨道交通领域的知识图谱,以图谱的形式存储和处理大量复杂的半结构化和非结构化数据,有效处理海量实体的复杂关系,根据设备运行状态变化趋势制定合理有效的维修计划并指导维修人员进行维修作业,从而提高轨道交通运维效率、保障运营安全,如图 5.50 所示。

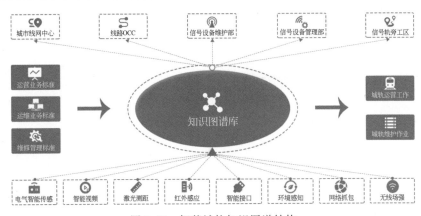

图 5.50　智慧城轨知识图谱结构

5.5.2　解决方案

智慧城轨知识图谱是专题标准数字化知识图谱,是针对城市轨道交通领域的标准文件,基于专题领域内的关键性技术要素体系,对各标准间关系进行建模,形成专题领域内标准数字化知识图谱。智慧城轨知识图谱方案设计面向轨道交通关键应用场景,基于对运营设备的智能采集、智能接口、边缘计算,通过知识图谱中的系统拓扑关联、设备结构关联、数据影响关联与业务推导及演算,并结合城轨行业知识库,为轨道交通提供了人工智能、专家诊断、大数据分析、运营状态评价、设备健康评价、系统载荷评价、移动应用、AR 应用和 5G 应用等。驱动轨道交通业务管理模式向数据驱动型转变,如图 5.51 所示。

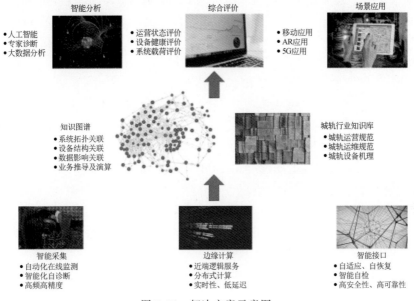

图 5.51 解决方案示意图

智慧城轨知识图谱建模涉及的专业业务关联关系适合采用基于知识图谱的知识构建系统来进行统一构建。构建的关键环节包括知识表示、知识建模及知识存储,如图 5.52 所示。

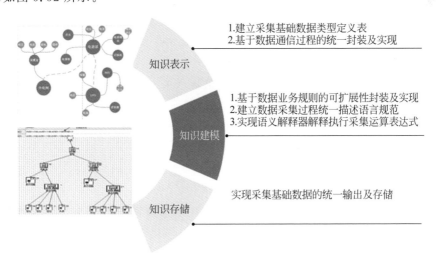

图 5.52 知识图谱体系构建过程

对于城轨业务体系,通常每个业务模块都具有独立的架构体系和数据体系,属于异构系统。为了使异构系统在统一的平台系统具有统一的数据表示方法和标准,需要制定数据整合规范,并基于一套完善的数据整合技术方法来解决数据的统一性问题。

该过程统一方法针对异构非标系统中数据感知接入过程进行优化及提升。采集基础数据的分类、采集过程统一描述语言的设计、数据通信过程和业务规则解析过程的统一化封装、语义解释器的设计及实现等都依赖于数据采集过程统一方法。

同时,由于异构非标系统需要同时接入众多跨系统、跨专业的外部系统信息,因此对数据采集的开发占据了大量的开发时间和成本。在传统的数据采集实现中,通常是针对一个接入过程,采用编码级的解析过程来完成面向具体业务应用细节的实现。因此,大量的接口实现相对独立且缺乏统一标准,不利于系统的复用及统一,提高了接口开发人员的开发难度和成本。知识图谱体系构建步骤如下:

(1) 知识表示。建立采集基础数据类型定义表:通过建立一套应用于异构非标系统的数据分类类型表,全面定义采集数据的基础分类方法及内容,分类结果作为采集过程统一描述规范的基础。

(2) 知识表示。基于数据通信过程的统一封装及实现:根据业务通信方式,实现同类通信方式的底层封装,以满足统一的通信底层复用。

(3) 知识建模。基于数据业务规则的可扩展性封装及实现:基于数据业务规则,提取并建立一套满足通用性处理要求的基础处理单元集,实现对数据帧校验和数据解析阶段的可复用化处理;同时提供一套可扩展的机制,实现对差异化处理过程的特殊处理。

(4) 知识建模。建立数据采集过程统一描述语言规范:将数据采集过程划分为数据帧校验过程和数据解析过程,并分别定义两个过程的统一描述语言规范的具体细节。

(5) 知识建模。实现语义解释器解释执行采集运算表达式:根据采集运算表达式,实现一套语义解释器来解释并驱动执行整个采集过程的按序进行。

(6) 知识存储。实现采集基础数据的统一输出及存储:通过统一的内部交互格式实现采集基础数据的标准化输出和存储。

5.5.3　应用场景

智慧城轨知识图谱可视化应用服务的目标是将城市轨道交通行业和国家交通运输行业等技术标准通过知识的图谱化,形成行业标准知识图谱。下面以城轨运营规范、城轨运维规范、城轨设备机理三个主要的城轨行业知识库为例进行说明。

根据中国城市轨道交通协会团体标准《中国城市轨道交通全自动运行系统技术指南(试行)》,建立城轨运营业务知识图谱,如图 5.53 所示。

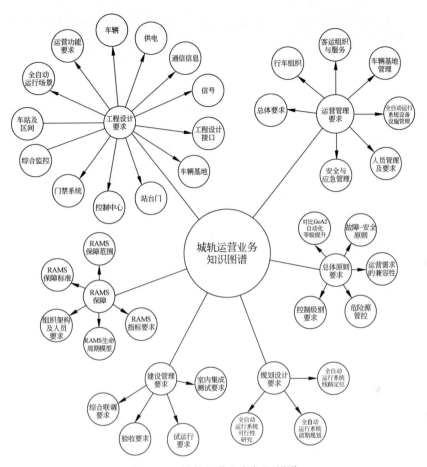

图 5.53　城轨运营业务知识图谱

根据中国城市轨道交通协会团体标准 T/CAMET 04011.7—2018《城市轨道交通基于通信的列车运行控制系(CBTC)互联互通接口规范 第 7 部分：信号各子系统与维护支持子系统(MSS)间接口规范》，建立城轨运维业务知识图谱，如图 5.54 所示。

根据中华人民共和国交通运输行业标准 JT/T 1218.3—2018《城市轨道交通运营设备维修与更新技术规范第 3 部分：信号》，建立城轨维修管理知识图谱，如图 5.55 所示。

智慧城轨标准知识图谱可视化应用服务具有精准语义理解、支持多种数据类型、适应多种场景应用的特点，有利于结构化城市轨道交通关键设施设备间的异构知识、关联知识；并且能够提供行业背景知识，形成知识引导。应用服务在城市轨道交通行业场景的应用解决了设备维护人员短缺、设备维护能力不足的问题，提高了关键设备维护质量。

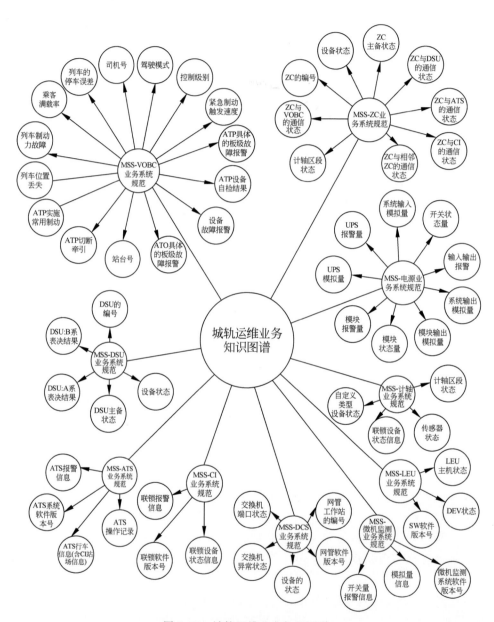

图 5.54 城轨运维业务知识图谱

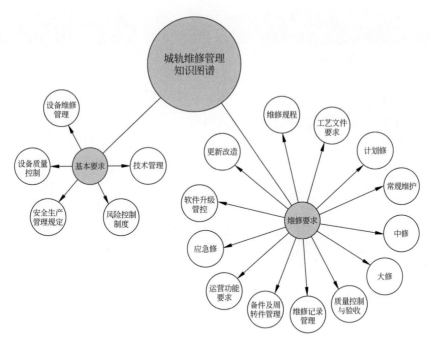

图 5.55 城轨维修管理知识图谱

5.5.4 应用成效

目前,城轨基于知识图谱的系统级应用已在全国 7 个城市级线网中心投入应用,包括:

上海地铁:完成龙阳路线网级中心建设,已接入 2 号线、11 号线、12 号线、13 号线、15 号线、16 号线、17 号线、18 号线八条线路,正在接入 5 号线、6 号线、7 号线、8 号线、9 号线、10 号线;

郑州地铁:完成线网级系统搭建,接入 5 号线全线、2 号线 2 个试点站,后续规划接入 4 号线、6 号线、10 号线、12 号线、17 号线;

成都地铁:完成线网级系统搭建,接入 4 号线、7 号线试点,正在接入 9 号线、17 号线、18 号线;

北京地铁:完成线网级系统搭建,接入 1 号线试点,后续计划接入 6 号线、房山线、八通线;

武汉地铁:完成线网级系统搭建,接入 2 号线试点,后续计划接入 4 号线、6 号线;

深圳地铁:完成线网级系统搭建,接入深圳 6 号线;

昆明地铁:正在进行线网级系统建设,接入昆明 3 号线、6 号线;

在调研城轨行业运营标准、运维标准、城轨设备机理知识库的基础上利用文本抽取、关系数据转换及数据融合等技术,探索智慧城轨知识图谱自动化构建方法与标准化流程,实现智慧城轨知识图谱的智能应用,包括:基于专家诊断、人工智能、大数据分析的智能诊断分析应用;基于运营状态评价、设备健康评价、设备载荷评价的设备综合评价应用和5G、AR等场景应用。

通过智慧运维知识图谱,大幅降低了城市轨道交通关键设备计划修的比例,逐步提高状态修占比,可以将部分维护工作从"事后"紧急抢修向"事中"状态变化处理及"事前"状态维护的模式转换,从而有效提高维护工作的有效性。通过智能运维平台,依靠少量的技术人员通过平台监控设备状态,并通知现场人员如何作业,减少了对高素质技术人员的需求,提高了人力使用的效率。同时,在一定程度上解决了有限的质量监督资源与庞大的设备检修体量的矛盾。

5.6　一站式油气行业标准数字化应用

5.6.1　应用背景

石化行业某集团公司多年积累了大量的数据、信息,但在日常工作中面临着知识获取难、知识搜索难、人员培训周期长等问题。

2012年,该公司启动知识中心建设,并持续至今。其中,标准规范作为重要的知识内容进行汇聚与共享应用,目前已经实现了近百万条标准规范的入库管理与智能应用,如图5.56所示。

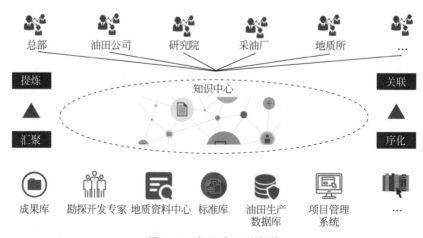

图5.56　知识中心示意图

5.6.2　解决方案

知识中心解决方案设计面向石油工业上游勘探开发领域典型应用场景的知识体系,构建亿级节点油气行业知识图谱,建设集团级知识中心和知识云服务平台,形成面向各类业务场景的油气智能助手工业App,实现知识资源汇集、共享交流及智能搜索、智能推荐、智能问答等应用模式,提高知识获取全面性、准确性与知识挖掘发现深度,服务于业务效率与质量的提升,解决方案如图 5.57 所示。

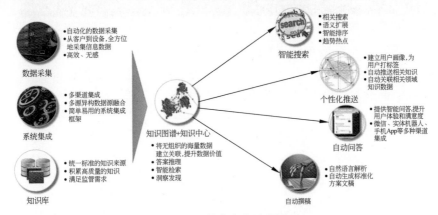

图 5.57　解决方案示意图

在知识图谱构建方面,形成了包含岗位人员、业务活动、业务对象、业务知识等在内的知识图谱,涉及标准规范约 98 万条,包括国际标准、国家标准、行业标准、企业标准及其他相关技术规范等。在建设实施过程中,对标准规范进行了加工和碎片化知识抽取,标准规范发布页面如图 5.58 所示。一方面,对单个标准规范进行关键内容抽取,形成标准规范"知识卡片",标准规范知识卡片模板如图 5.59 所示。另一方面,基于业务对象、业务活动等建立标准规范之间,以及标准规范与其他知识间的知识图谱。

图 5.58　标准规范发布页面截图

序号	属性名称	属性解释
1	标题	标准规范的标题名称
2	Title	标准规范的英文名称
3	封面	标准规范的封面
4	摘要	标准规范的摘要内容
5	标准规范类型	分为标准和规程两种
6	标准体系	共4个标准体系，分别是XX油田标准体系、炼油标准体系、化工标准体系、管理标准，目前采集范围只有第一项有内容
7	标准分类	按标准的适应地区范围，分为： 【国内标准】=》国家标准、行业标准、地方标准、台湾地区标准 【国外标准】=》DIN德国标准、NF法国标准、JIS日本工业标准、ASTM美国材料与试验协会标准、ANSI美国国家标准、BS英国标准、GOST俄罗斯(原苏联)标准、其他国外标准 【国际标准】=》ISO国际标准、IEC国际电工委员会标准、其他国际标准 【企业标准】
8	中标分类	按标准的学科分类，分为：A 综合；B 农业、林业；C 医药、卫生、劳动保护；D 矿业；E 石油；F 能源、核技术；G 化工；H 冶金；J 机械；K 电工；L 电子元器件与信息技术；M 通信、广播；N 仪器、仪表；P 工程建设；Q 建材；R 公路、水路运输；S 铁路；T 车辆；U 船舶；V 航空、航天；W纺织；X食品；Y轻工、文化与生活用品；Z 环境保护
9	机构名称	规程归属的院，如勘探院，工程院等，只有操作规程有该属性
10	所属部门	各个院下面的各个部门，只有操作规程有该属性
11	研究对象	标准规范描述的对象，作为知识关联的桥梁之一
12	知识分类	指石化的知识分类，比如业务域、一级业务等，作为知识关联的桥梁之一
13	附件	标准原文或规程原文
14	标准号	标准的编号。国家标准：石油钻井指重表-GB/T 24263-2009，行业标准
15	状态	分为现行标准、待实施标准、作废标准
16	起草单位	标准的起草单位
17	归口单位	标准的归口单位
18	发布日期	标准发布的时间
19	实施日期	标准生效的时间
20	作废日期	标准停止使用的时间
21	被代替标准	已被新的标准所替代的标准
22	代替标准	代替已有标准的新标准
23	页数	标准的页数
24	适用范围	标准使用的行业、情景，例如，定向井轨迹控制SY/T 6332-2012，适用范围：本标准适用于定向井钻井轨迹控制

图 5.59　标准规范知识卡片模板示意图

5.6.3　应用场景

在知识共享应用方面，案例实现了一站式智能搜索与智能推荐、面向业务的知识标准包(指由勘探开发业务专家提炼总结的勘探开发具体业务活动涉及的工作指导、案例、经验教训总结、标准规范等内容)构建与共享应用、面向专题的知识交流与热点分析等应用场景建设，油气行业标准规范搜索与关联推荐如图 5.60 所示，面向技术专题的热点分析如图 5.61 所示，业务标准包如图 5.62 所示。

5.6.4　应用成效

目前，该公司已有下属 10 余家单位、超过 10000 名用户使用知识云服务平台，支持 3000 余个项目的知识服务。

在知识应用方面，基于知识图谱实现由近百个信息源组成的庞大知识库可以高效共享复用，达到如下效果：

图 5.60 油气行业标准规范搜索与关联推荐示意图

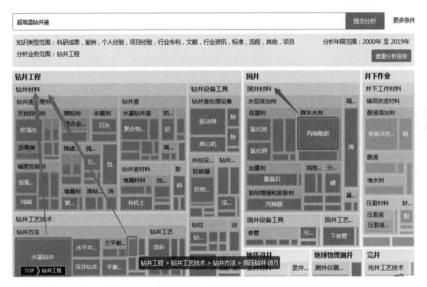

图 5.61 面向技术专题的热点分析示意图

一是初步实现了科研时间的资料收集与研究分配从 8:2 向 3:7 的转变。通过一站式查询,研究人员将资料收集时间大大缩减,从而提高了科研业务效率。

二是新员工更快进入工作状态,实现了项目的协同研究和成果积累。通过标准包知识学习,员工入职和转岗培训时间大大缩短(约 50%)。通过项目空间,为项目管理人员和成员构建一个具有业务流程管理、任务分配、知识推送和协同研究的环境,大大缩短项目协同周期。

图 5.62   业务标准包示意图

5.7   建筑设计领域设计实体知识图谱助力智能知识中心建设

5.7.1   应用背景

建筑设计领域涉及众多国家标准、行业标准及企业标准,目前,大量历史文档和信息难以有效利用、信息重复利用率低,且工程师进行现场勘察时携带纸质标准规范,查找时需逐一查看判断,耗时耗力。

通过汇总梳理电子工程设计院在过往设计及审图工作中产生的大量国家标准文档、国家标准条目、审图意见书等,将这些内容进行半自动化处理,将国家标准规范电子化和结构化,形成国家标准、国家标准知识、业务审图意见三张图谱。通过人工智能尤其是知识图谱技术实现精准内容理解,规范智能匹配及智能方案推荐,面向设计人员提供设计参考,大幅提升设计图纸及审核整体环节的工作效益。建筑行业标准处理流程如图 5.63 所示。

5.7.2   解决方案

B 公司正在研发的智能知识中心系统,旨在统一收录建筑设计相关标准规范,针对知识管理员,在知识图谱构建上提供智能化辅助服务。

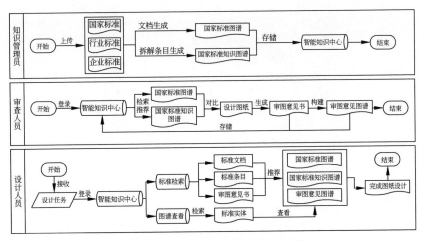

图 5.63　建筑行业标准处理流程图

　　针对标准规范类文档进行知识构建,提供在线上传与解析功能,基于上传解析后的文档,按照实际业务场景利用段落拆解、字段抽取等技术手段,生成原子型知识点、结构化字段,并将这些数据进行入图和入库处理,形成标准知识点、表单类知识、图谱类知识等,最终生成国家标准、国家标准知识、审图意见三张图谱,基于不同知识消费场景为设计及检修人员提供智能检索、智能推荐、智能问答等服务,如图 5.64 所示。

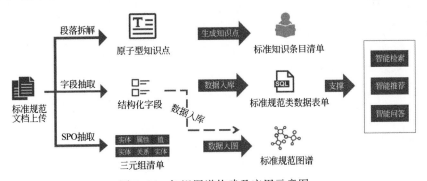

图 5.64　知识图谱构建及应用示意图

　　以 GB 50472—2008《电子工业洁净厂房设计规范》为例,从三个维度进行建筑设计领域国家标准拆解并实现数据入图,如图 5.65 所示。

　　一是建立国家标准图谱,在进行节点构建时,将国标文档作为一个本体,本体命名为国家标准,文档名称作为实体,文档相关的发文年份、适用单位、附件等作为属性,属性对应内容作为属性值。

　　二是建立国家标准知识图谱,基于知识抽取等技术实现国标文档拆解抽取,形成段落式知识点,在进行节点构建时,将国家标准知识作为本体,段落式的条目实例化处理形成实体,文档中的设计要求、一般规定等作为属性,实例化的正文内容

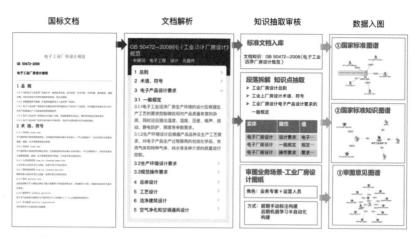

图 5.65 建筑标准图谱构建示意图

作为属性值,基于国家标准文档拆解出来的段落内容,构建国家标准知识本体与国家标准本体之间的来源关系。

三是建立审图意见图谱,基于审核人员在审图过程中生成的审图意见书,针对审图意见书进行解析,前期由业务专家和运营人员进行人工处理,设定审图意见书、专业初审意见、审图结果项三个本体。审图意见书本体是将建筑工业厂房项目(具体项目)作为实体,项目内部编号、流水号、设计单位等作为属性,赋予对应属性值;专业初审意见本体是将建筑专业初审意见(该审图涉及的具体专业)作为实体;审图结果项本体是将建筑工业厂房项目建筑专业初审意见1(具体意见条目)作为实体,意见条目对应列的图号、问题类别等作为属性,并赋予对应属性值,如图 5.66 所示。与此同时,构建针对审图意见书的三个本体与国家标准本体、国家标准知识本体之间的参考关系,后期随着训练语料积累,逐步借助工具和模型进行半自动化构建。

图 5.66 审图意见图谱构建示意图

5.7.3 应用场景

通过构建建筑设计标准领域知识图谱,实现建筑设计领域可视化图谱实体检索、智能推荐,并结合审图意见书提取相关实体过往审图意见内容,将标准规范与实际应用数据打通,进而提升设计人员工作效率,降低设计缺陷出现概率,有利于提升行业设计环节的生产效益。方案的最终落地及应用场景在智能知识中心主要包括图谱检索、图谱问答、智能辅助推荐三大模块。

5.7.3.1 图谱检索

知识图谱在建筑设计领域应用的主要目的是通过一系列图计算和分析,实现建筑设计标准实体之间关系的推理和发现。智能知识中心在图谱检索上主要是检索设计相关规定、审查意见书实体等内容,挖掘建筑标准实体相关隐藏链路,实现基于场景内进行实体搜索时的主动推送,进而减少各个环节由用户自身判断产生的缺失与误判,如图 5.67 所示。

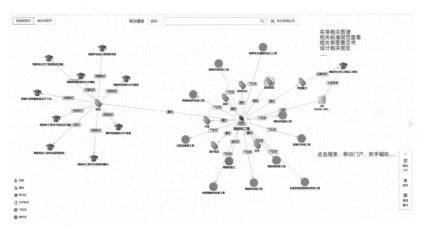

图 5.67 建筑标准图谱检索示意图

5.7.3.2 图谱问答

在建筑设计领域,知识图谱的问答主要依托智能知识中心,通过对问题的智能语义理解和解析技术,利用知识库进行查询、推理得出建筑实体答案,问答过程中主动推送建筑实体相关标准规范文档,可以点击跳转智能知识中心,查看实体文档模态属性值,从文档中获取所需内容,帮助用户以问答的形式辅助分析和设计,如图 5.68 所示。

5.7.3.3 智能辅助推荐

在建筑设计领域,基于知识图谱的推荐主要是将建筑标准知识进一步分解,构建实体间的关联关系,同时预测可能存在的隐藏链路和关系,在智能检索过程中,可以通过知识图谱查阅进行系统的链路化学习,也可以查看底层建立的条目知识,进行碎片化学习,辅助提升设计能力,如图 5.69 所示。

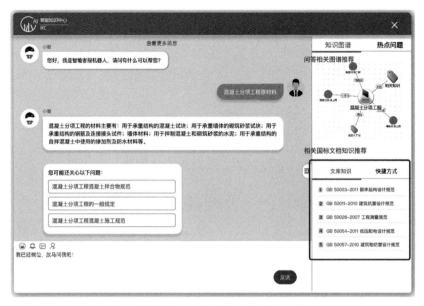

图 5.68　建筑标准图谱问答示意图

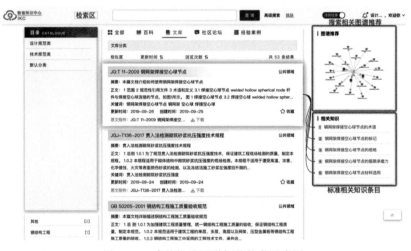

图 5.69　建筑标准图谱智能推荐示意图

5.7.4　应用成效

自方案实施以来,基于智能知识中心平台,已将建筑设计领域相关标准规范共计 2232 篇文档建立标准文库(312356 条规范条目),以及将建筑设计领域相关标准及 3531 篇审图意见书等相关材料,智能构建为建筑设计标准知识图谱,能够支撑 5 万余实体规模的图谱检索。

　　方案建成后,针对设计人员,进行图纸设计时可直接搜索实体,查看相关标准文档或标准条目,利用图谱中标准文档和条目所关联的过往审图意见书内容进行设计缺陷对比,以此来规避设计缺陷、简化设计流程,有效提高设计效率与设计质量。

　　针对审查人员,在进行设计图纸审图时,需要针对设计人员提供的设计图纸进行审核,审核过程中可搜索查看相关标准文件进行对比,提高审图效率,审图完毕后生成的审图意见书与国家标准建立关联关系,并执行入库处理。后期进行审图工作时,基于该方法可提供过往检测报告生成的图谱辅助决策分析,减轻原有工作模式带来的时间成本消耗。

5.8　标准知识图谱技术在智慧公安的应用

5.8.1　应用背景

　　目前公安领域积累了大量标准,用于指导行业工作,然而这些标准往往以标准文本的形式呈现和使用,缺少标准自身内容及标准相互之间的显性关联展示,导致标准的深度价值未得到有效利用,尤其是不能有效挖掘到标准内部知识,一方面难以体现标准的内涵关系,如字、词语、短语、句子、属性、实体等内容,另一方面难以通过数据预处理和数据基础知识为标准知识服务提供语义、语境、语法等能力。因此,如何通过这些海量的数据融合标准内部知识面临严峻的挑战及亟须解决的问题。基于公安领域现有的大数据处理标准构建标准知识图谱,有助于现有标准在政法领域进一步落地和执行。

　　标准知识图谱在公安领域的典型应用服务有智慧警务、数据智能、智慧检务、智能预警预测、智慧社区等系列场景。以公安大数据建设为例,为打造智慧公安,公安部按照统一运行网络、统一基础设施、统一数据资源、统一服务平台、统一安全策略、统一标准规范的总体要求,形成了一整套公安大数据处理标准文件。该标准文件涵盖内容广,急需一套标准知识图谱对其有效展示和应用。因此,基于标准的知识图谱技术,在现有公安大数据智能化平台数据资源的基础上,建立一套由NLP工具、图谱构建及知识查询服务为主线的知识图谱,有效支撑智慧公安数字化、智能化一体化创新升级,对推动知识图谱技术在智能政法标准化领域的应用及推广具有重要的研究及实践落地意义。下面以知识图谱在智慧公安领域的应用场景落地作为典型案例进行介绍。

5.8.2　解决方案

　　标准知识图谱在公安领域的构建和应用包括如下步骤:智慧公安标准基础知识、智慧公安标准本体构建、智慧公安标准数据预处理、智慧公安标准知识图谱构建、智慧公安标准知识图谱应用,如图5.70所示。

图 5.70　标准知识图谱在智慧公安领域的构建

5.8.2.1　智慧公安标准基础知识

现有数据主体均以文本为主存储于各数据库之中，为了更好地让计算机进行理解、识别及读取，针对数据复杂多变、质量不齐、价值低、不可用的数据特点，智慧公安标准基础知识包括但不限于标准基本信息模型、标准指标信息模型、标准内容信息模型和标准技术要素模型等模块，成为可用规范化的基础知识数据，如图 5.71～图 5.74 所示。

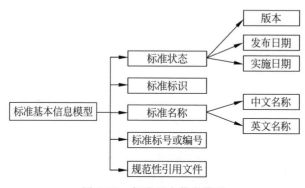

图 5.71　标准基本信息模型

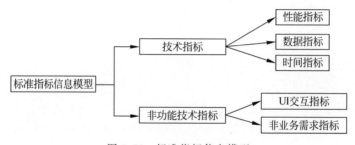

图 5.72　标准指标信息模型

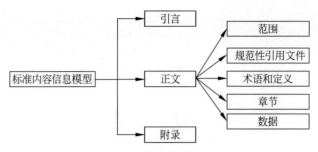

图 5.73 标准内容信息模型

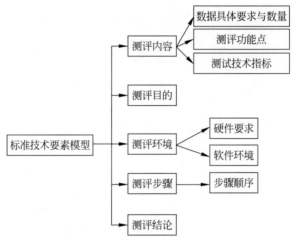

图 5.74 标准技术要素模型

5.8.2.2 智慧公安标准本体构建

本体构建用来定义领域知识图谱的概念。本体是知识图谱的概念框架,用于为知识图谱定义 Schema,本体构建包括实体管理、关系管理两方面内容。

如图 5.75 所示,智慧公安标准本体构建模型包含标准名称、概述、标准编号、发布日期、实施日期、参数、指标、主体内容等 21 类相关概念或实体,见表 5.3,知识图谱中本体由实体、属性、关系这 3 个元素构成,并且实体之间隐含潜在的语义关系,这些关系可以通过实体或属性间接或直接关联。

表 5.3 主要的实体类别与关系属性

序　号	实体/概念	实体/概念	关　系
1	标准	主体内容	必选关系
2	标准	参数	包含关系
3	标准	指标	包含关系
4	标准	规范性引用文件	来源关系
5	标准	范围	包含关系

续表

序　　号	实体/概念	实体/概念	关　　系
6	标准	术语和定义	包含关系
7	标准	图/表格/公式/流程图	采用关系
8	标准	附录	包含关系
9	标准	引言	包含关系
10	标准	标准	采标关系
11	标准	发布单位	发布关系
12	标准	编写单位	编制关系
13	标准	起草人	编制关系
14	标准	发布日期	发布关系
15	标准	目次	包含关系
16	标准	实施日期	实施关系
17	标准	标准编号	包含关系
18	标准	概述	包含关系
19	标准	标准名称	包含关系

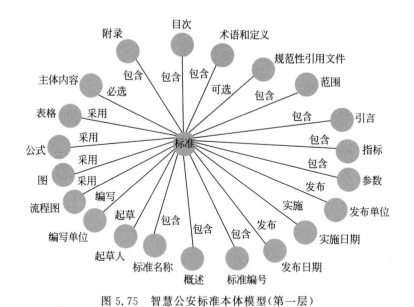

图 5.75　智慧公安标准本体模型(第一层)

本体的构建和管理可以通过如图 5.76 所示的软件来完成。

5.8.2.3　智慧公安标准数据预处理

为了更好地规范化及设计标准本体和标准知识图谱构建,在结合数据标准的基础上,需要进一步应用标准数据预处理任务,如标准数据接入、标准数据处理、标准数据组织、标准数据治理等标准体系,如图 5.77~图 5.82 所示。

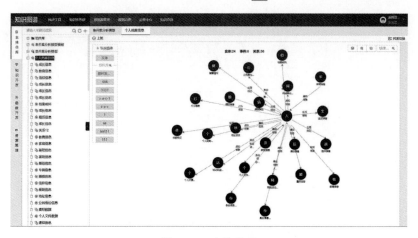

图 5.76 本体管理

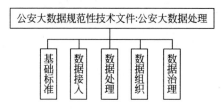

图 5.77 智慧公安智慧法院一体化平台应用标准数据预处理

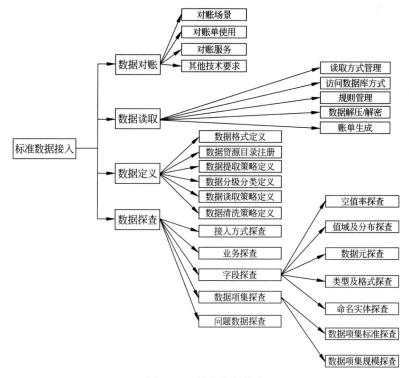

图 5.78 标准数据接入

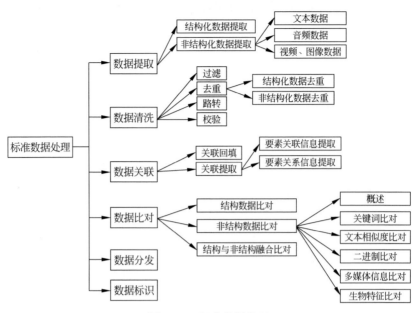

图 5.79 标准数据处理

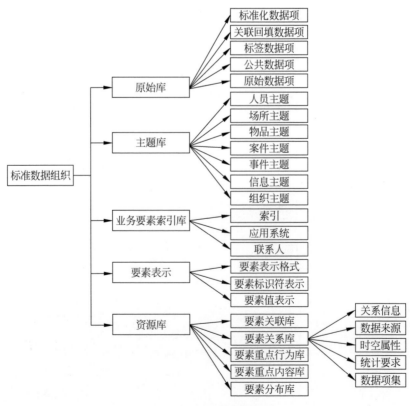

图 5.80 标准数据组织

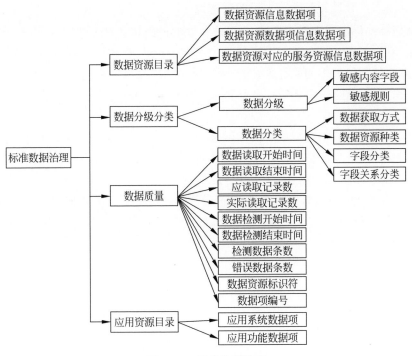

图 5.81　标准数据治理

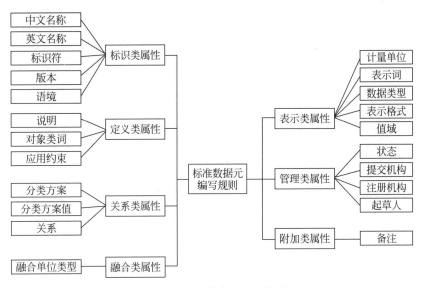

图 5.82　标准数据元编写规则

针对标准数据,通过本体引入、知识抽取、知识融合、知识入库四个步骤,将海量多源异构数据融合到知识图谱中。

5.8.2.4 智慧公安标准知识图谱构建

智慧公安标准知识图谱构建以动态本体的形式描述客观世界中概念、实体及其关系,将海量多元异构数据融合到知识图谱中,结合公安大数据规范性技术文件数据治理、数据组织等相关标准规范,如实体抽取、关系抽取、知识融合,详见如下标准知识图谱构建,进而让数据更易被人和机器理解与处理,为各类智能应用提供服务。

针对实体抽取,由于智慧公安领域标准基础知识、标准数据预处理有不同类型的来源和结构,对实体抽取的方法各有不同,智慧公安领域分为结构化数据、半结构化数据及非结构化数据,因此构建多源异构的实体抽取系统完成实体抽取任务,负责从数据中抽取不同的实体信息,如起草人、标准编号等,实体抽取方法可以基于规则匹配、机器学习方法及其融合方法。智慧公安标准知识图谱构建如图 5.83所示。

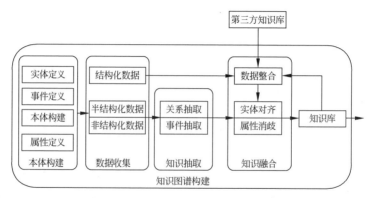

图 5.83 智慧公安标准知识图谱构建

知识融合是解决信息抽取结果中的各类异构问题的有效途径,通过对众多分散信息的匹配、挖掘等处理,优化知识结构和内涵,提供知识服务。

(1)属性匹配融合:页面配置融合规则,进行实体对齐、属性消歧。

(2)相似度融合:页面选择相似度算法设定融合规则,进行实体对齐、属性消歧。

智慧公安标准知识图谱应用如图 5.84 所示。

5.8.3 应用场景

智慧公安标准知识图谱根据如图 5.85 的技术架构,结合及利用大数据分析、存储与处理等方法,如机器学习、流处理、批处理和图计算的方法,通过知识开发构建的知识库,进行知识查询及知识展示,在智慧警务、数据智能、智慧检务、智能预警预测、智慧社区等系列场景,提供如图 5.86 所示的典型应用服务。

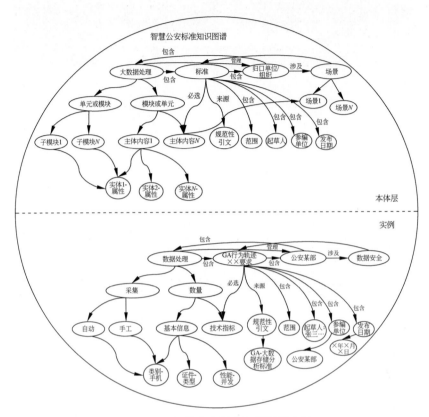

图 5.84 智慧公安标准知识图谱应用

业务中台	智慧警务	智慧政法	智慧检务	智慧交通	智慧政务	智慧社区
知识图谱	知识服务	语义搜索	智能问答		关系研判	智能推荐
		串并案分析			可视化决策支持	
	知识计算	路径搜索	节点挖掘		社区发现	子图发现
		图嵌入	知识推理		表示学习	规则推理
	知识融合	本体融合			数据映射	
		实体对齐	属性消歧		共指消解	知识合并
	知识抽取	实体抽取	属性抽取		关系抽取	事件抽取
		文本分类	情感分析		实体链接	包装器/ETL
	知识建模	本体构建				
		实体定义	事件定义		关系定义	属性定义
数据中台	数据标准	数据管理	数据治理	数据处理	数据开发	数据服务
	阿里云	华为云	腾讯云	联想云	浪潮云	曙光云

图 5.85 知识图谱技术架构

图 5.86　智慧公安标准知识图谱应用平台主界面

5.8.4　应用成效

下面为几点典型应用服务及该服务的一些成果。

（1）业务办理数据标准化

通过构建业务标准知识图谱规范数据采集和质量评价，对有缺陷的数据进行修正，提升信息准确率，例如，在 110 接处警系统中应用标准图谱将所需人、事、物、组织、地点等各类实体及关系，最终以关系网的形式进行关系展示，如图 5.87所示。

（2）标准知识检索服务

在智慧公安标准知识检索方面，在标准基础知识、标准本体构建、标准数据预处理等基础上形成及构建标准知识图谱知识库，为标准知识的查询及知识展示提供服务，根据标准基础知识、标准内容信息模型如标识、状态、起草人等数据资源信息项及其关系进行检索。常见标准知识检索服务包含标准实体查询与标准关系查询这两种类型。

标准实体查询：对标准知识图谱知识库中的标准实体进行查询，如起草人、编写单位。

标准关系查询：包括已知标准头实体查询所有标准关系，标准头实体、标准关系查询标准尾实体，标准头实体、标准尾实体查路径三种查询，可对标准关系进行多角度检索，如标准技术要素模型信息之中评测环境与标准数据之前存在多个关系。

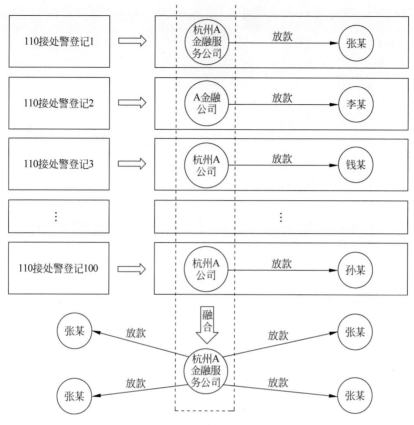

图 5.87　110 接处警标准数据录入实例

（3）标准可视化决策支持

通过智慧公安标准知识图谱平台提供统一的可视化插件或标准接口,结合可视化、推理、抽取等方法为使用者提供标准知识图谱信息获得的入口称为标准可视化决策支持。标准可视化决策支持对标准知识图谱中标准基础信息模型的状态、标识等信息进行解读,更好地为使用者实行决策提供依据,提高智慧公安的标准知识图谱查阅工作效率与能力。同时,可将多方孤立的标准规范性引用文件信息同步与整合,提供各种可视化视图,有利于直观的标准基础信息模型分析,如通过附录与标准主体内容分析,有利于分析标准主题信息。

未来将进一步提升知识服务的融合能力,知识服务是集成和使用标准知识图谱的方法之一,具体表现形式为基于图结构化数据间的关联性推理运算和基于知识映射到向量空间的参与计算,利用深度学习挖掘其隐藏或隐含的关系,通过算法模型转化业务模型提供各项应用服务,如通过 ID-mapping 关系发现犯罪团伙线索信息,如图 5.88 所示。

综上,在公安和检察院持续优化模型算法,利用机器学习或深度学习技术结合

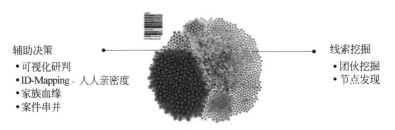

图 5.88 ID-Mapping 关系挖掘犯罪线索（见文后彩图）

海量的数据进行模型训练，最终提高智能问答、智能搜索、智能推荐等模型算法的准确率，助力标准知识图谱在智慧公安领域的更多产学研案例落地。

5.9 乳业标准数字化助力全链条质量追溯应用

5.9.1 应用背景

某乳业集团将"双智"纳入公司发展战略，启动"智慧供应链＋智能制造"建设。通过建设现代化乳制品智能工厂，实现良品率提升、透明化生产、一键式追溯和数据化管理。在质量管理方面，基于现有质量管理平台和数据基础，对生产过程和产品进行实时监控、关联分析、预警预测，推动以数据驱动质量管理及精益生产为基础的决策，让数据产生价值带来效益，全链条追溯如图 5.89 所示。

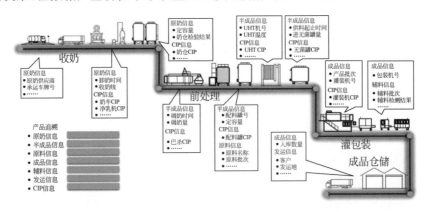

图 5.89 全链条追溯示意图

5.9.2 解决方案

通过 IT 与 OT 融合，基于数采、大数据、知识图谱实现管理业务横向互联和制造业务纵向集成，数据信息上下互通，以数字工厂为核心，将订单需求与物料供应、生产制造、仓储物流、市场分销有机整合，形成供应链管理数据生态圈，实现有效食品安全治理，同时优化业务流程，提升业务协同性，对生产过程做到可视、可控、可优,解决方案如图 5.90 所示,数字工厂平台架构如图 5.91 所示。

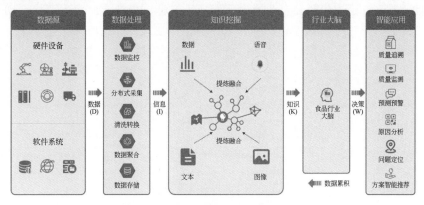

图 5.90 解决方案示意图

图 5.91 数字工厂平台架构图

互通互联:通过对设备数据的实时采集和系统集成,打通各个生产相关系统,实现数据链条贯通,构筑数据基础资源池。其中,对乳品行业标准加工设备联通率可达 100%,实现数据采集率 95% 以上。

生产过程全链路可视化与管理精细化:实现从原料入厂、前处理、灌包装、仓储物流等生产全过程的数据采集与可视化监控、分析与管理,智能防错与转序卡控,持续挖掘生产过程改善点,辅助生产业务协同效率提升。

资源协同配置与运营决策:基于知识图谱建立人-机-料-法-环-测全面关联,生产排产优化,有效指挥自动化设备协同、高效、低耗运行;多维指标分析,实现工厂级、集团级运营决策与资源协同配置。

其中,质量标准从来源看主要包括三个方面:一是国家食品生产通用质量标准；二是乳制品行业质量标准，例如各品相牛奶、巴氏奶、常温奶、有机奶、奶粉等标准性文件；三是该集团和企业的内部标准。对标准中涉及内容主要提取两个方面：一是牛奶原奶收奶到成品奶整个过程的指标要求；二是检测方法要求。梳理好后，将如上标准与具体检测流程、检测品进行关联，部分国家标准如图 5.92 所示。

序号	标准号	是否采标	标准名称	类别	状态	发布日期	实施日期	操作
1	GB/T 22965—2008		牛奶和奶粉中12种β-兴奋剂残留量的测定 液相色谱-串联质谱法	推标	现行	2008-12-31	2009-05-01	查看详细
2	GB/T 22966—2008		牛奶和奶粉中16种磺胺类药物残留量的测定 液相色谱-串联质谱	推标	现行	2008-12-31	2009-05-01	查看详细
3	GB/T 22967—2008		牛奶和奶粉中β-雌二醇残留量的测定 气相色谱-负化学电离质谱法	推标	现行	2008-12-31	2009-05-01	查看详细
4	GB/T 22968—2008		牛奶和奶粉中伊维菌素、阿维菌素、多拉菌素和乙酰氨基阿维…	推标	现行	2008-12-31	2009-05-01	查看详细
5	GB/T 22969—2008		奶粉和牛奶中链霉素、双氢链霉素和卡那霉素残留量的测定 液…	推标	现行	2008-12-31	2009-05-01	查看详细
6	GB/T 22971—2008		牛奶和奶粉中安乃近代谢物残留量的测定 液相色谱-串联质谱法	推标	现行	2008-12-31	2009-05-01	查看详细
7	GB/T 22972—2008		牛奶和奶粉中嘧苯达唑、甲苯达唑、芬苯达唑、奥芬达唑、苯…	推标	现行	2008-12-31	2009-05-01	查看详细
8	GB/T 22973—2008		牛奶和奶粉中醋酸美仑孕酮、醋酸氯地孕酮和醋酸甲地孕酮残…	推标	现行	2008-12-31	2009-05-01	查看详细
9	GB/T 22974—2008		牛奶和奶粉中氯菲嗪残留量的测定 液相色谱-串联质谱法	推标	现行	2008-12-31	2009-05-01	查看详细
10	GB/T 22975—2008		牛奶和奶粉中阿莫西林、氨苄西林、哌拉西林、青霉素G、青…	推标	现行	2008-12-31	2009-05-01	查看详细

图 5.92   国家标准（部分）示意图

5.9.3   应用场景

在全产业链管理与质量追溯方面，构建了原辅料验收、生产过程管理、成品储运全程"人—机—料—法—环—测"网状图谱，实现 60 余个型号 1000 余台检验设备的连接，自动提取数据，实现了对 2 万余种物料生奶、原辅料、转序样品、成品等微生物、体细胞、兽药残留、非添物、毒素、污染物、理化指标与数百份质量标准的自动运行与质量判定决策。

如果发现质量问题或遇到市场投诉，基于知识图谱可以快速追溯该批次牛奶历经罐装设备、前处理设备、巴杀设备等，以及该批次牛奶的原奶来源。对于从原奶收奶到最终成品入库检测的各个环节，检测结果、检测设备、检测人员的信息均被完整记录，实现全面排查。基于知识图谱的质量追溯如图 5.93 所示，以成品胀包为例的人—机—料—法—环—测分析如图 5.94 所示。

5.9.4   应用成效

该方案的推广应用实现了企业的计划优化、成本降低、业务协同、质量保证与效率提升。其中，在质量监控与追溯方面，通过将实验室检测与质量控制有机结合，实现了质量控制自动化、数据采集自动化、检验记录电子化、质量追溯一键化，建设了领先的乳制品智能质量控制系统。追溯速度从纸板报表查询的 2 小时提升到信息化一键提取的 5 分钟以内，质量追溯应用效益如图 5.95 所示。

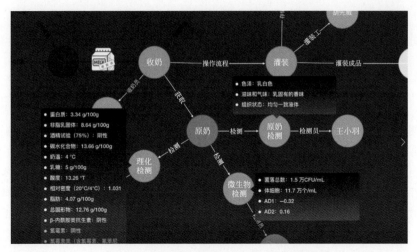

图 5.93 基于知识图谱的质量追溯示意图

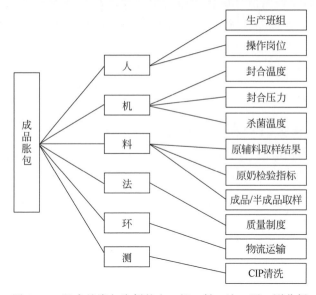

图 5.94 以成品胀包为例的人—机—料—法—环—测分析

技术指标	期初值	当前达成
自动决策率	人工决策	98%
检验数据自动采集率	无自动采集	96%
追溯速度提升率	2小时	5分钟(提速90%)
降低产品不良率	0.031%	0.024%(降低22.58%)

图 5.95 质量追溯应用效益总结

5.10　零售商品领域标准数字化知识图谱应用

5.10.1　应用背景

C公司生态含有众多业态的市场业务,大大小小若干做零售的BU,涉及商品数量达到上百亿,为了更好地帮助消费者搜索、导航和推荐他们想要购买的商品,同时方便平台更好地管理组织这些海量商品,C公司采用一套类目属性体系(category-property-value,CPV)作为商品管理基础知识体系。但同时每个零售业务也都在维护运营一套具有本市场特性和心智的类目属性体系,若只是支撑单一业务,这样的运营方式尚可正常开展,但如若需要跨渠道商品流通、全域商品数据分析、全域商品比价或希望借鉴其他市场的一些知识来提升本市场的构建效率或者洞察能力,就会遇到不同类目属性体系的标准对齐问题。如何构建这之间的标准是C公司商品知识图谱标准化的第一个重要挑战。基于标准化的类目属性体系,为了实现C公司生态全域商品通,需要将不同业态、渠道的商品进行标准化处理,一般会通过标准产品(standard product)来做中间的桥梁。如何定义标准产品,是C公司商品知识图谱标准化的第二个重要挑战。

5.10.2　解决方案

5.10.2.1　标准CPV(标准类目属性体系)构建

如前所述,构建标准CPV的目的是对齐链接各个渠道的CPV,从而实现全域类目属性数据的流通。为解决该问题,C公司商品知识图谱团队进行了一些探索和试错,大概经历如下几个阶段,如图5.96所示。

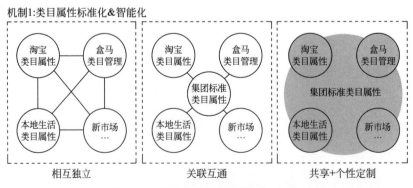

图5.96　标准类目属性体系发展阶段

(1) 相互独立(方案1):不同市场体系两两之间建立映射关系,该方案优点相对比较直接,信息损失较少,缺点是成本较高,运营维护不太方便。

(2) 关系互通(方案2):中台从各个市场Schema体系中,抽象沉淀能够满足大部分业务基本需求的相对标准的知识体系,称为"标准 CPV",然后通过标准CPV 体系和每一个渠道 CPV 建设映射关系,优点是相比方案 1,成本相对有所降低,N 个市场只需要建立 N 个映射关系即可,缺点是标准较难确定,信息损失较大。

(3) 共享＋个性定制(方案 3):在方案 2 的基础上,希望未来一些新市场需要构建自身市场的类目属性体系的话,先参照借鉴标准 CPV,或许可以帮助业务建设到 60 分,进而对于 60～90 分个性化、精细化部分,业务可以根据自身业务需要和市场特点进行个性定制和延展,这样能进一步降低各市场信息互通的成本,但同时又能保持各市场个性化的定制和需求。

具体标准类目属性构建方案如图 5.97 所示。

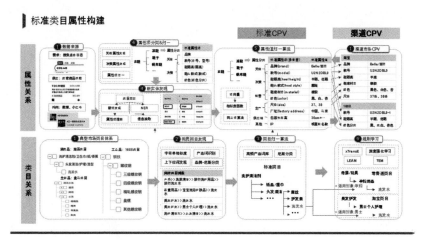

图 5.97 标准类目属性构建图

标准类目建设原则如下:

(1) 叶子类目:选取 C 公司相关行业典型主要市场取并集,通过算法进行语义归一;标准类目理论上应该完备。

(2) 叶子类目粒度选择:50％以上市场使用该粒度的类目;由于类目粒度问题,映射关系可以为:源 c＋源 pv—>目标 c。

标准属性建设原则如下:

(1) 取各市场类目属性项中的客观属性项的并集,做语义去重得到标准类目属性项;同时基于聚合的标准属性项,将渠道类目客观属性下属性值取并集并语义归一。

(2) 标准属性项 id 和名称的选择参考挂载类目量、挂载商品量。

(3) 属性值合并过程中的不正交问题(数字区间)需要 case by case。

(4) 可洞察捕捉渠道类目属性的变化,智能化、数据化、自动化地更新迭代整棵类目属性树。

5.10.2.2 标准产品构建

标准产品建设原则如下：

（1）标品：具有一定品牌、行业标准的商品，一般多为快消、3C数码等行业。

① 和国家相关标准化机构实现数据同步互通，例如国家编码中心，条码作为标准产品重要来源。

② 定义标品类目下关键属性，关键属性的定义为：一组属性组合唯一确定一个产品。例如对于手机行业，关键属性可定义为品牌＋型号；对于服饰行业，关键属性可定义为品牌＋货号，由此可产生标准产品节点。

（2）非标品：一般该行业没有普适标准，多为水果、生鲜、日用百货等行业，这部分标准产品定义较为复杂，没有行业普适标准，即以大多数业务运营的行业经验为主，能够满足80%消费者比价、购买需求即可，一般是通过定义类目关键属性的方式生成，例如苹果行业，关键属性可定义为品种＋产地＋是否有机等。

标准产品分类建设原则如图5.98所示。

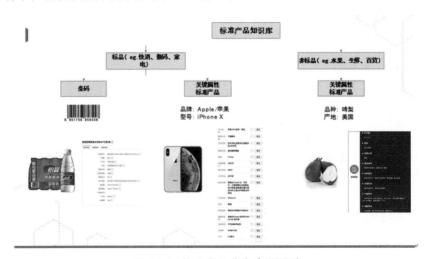

图5.98 标准产品分类建设原则

5.10.3 应用场景

目前经过几年建设沉淀，整个C公司商品知识图谱标准化建设初具规模。建设标准类目9739个，标准属性项65437个，标准属性值5435859，覆盖C公司新零售85%＋GMV。建设标准产品3.5亿个，其中条码产品2.2亿个，关键属性标准产品1.3亿个。

这些标准化数据资产在前端广泛应用，主要有如下几个场景：

（1）商家智能发布：商家发布商品时，通过识别标准产品，自动回填相关结构化属性。商家智能发布流程如图5.99所示。

图 5.99　商家智能发布流程

（2）跨渠道铺货：通过标准 CPV 转化，识别标准产品，自动将一个市场商品铺货流通到另一个市场，典型的如 1688 铺货到特价版，1688 铺货到 AE、Lazada，猫超铺货到大润发等。

（3）全域比价：为让消费者购买到具备价格竞争力的商品，需基于标准产品进行全域比价，并于前台导购场进行表达透传。全域比价界面如图 5.100 所示。

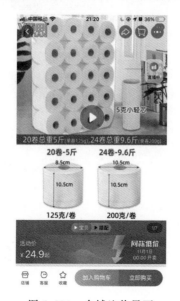

图 5.100　全域比价界面

（4）扫码购：消费者经常会需要通过扫条码查找商品，因此通过标准产品能完美解决该需求和问题。扫码购产品界面如图 5.101 所示。

（5）搜索前置导航筛选：消费者在购物过程中，需要根据一些属性项或属性值进行导航筛选，该功能可基于标准 CPV 进行导航分发，目前在特价版已全量上线。搜索前置筛选界面如图 5.102 所示。

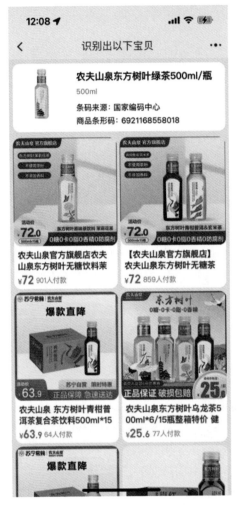

图 5.101　扫码购产品界面

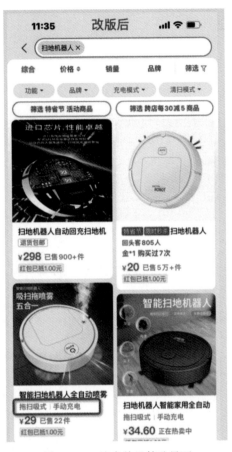

图 5.102　搜索前置筛选界面

5.10.4　应用成效

标准化数据资产在前端广泛应用,目前在各应用场景中带来了很大成效。

(1)在商家智能发布应用场景中,通过提升商品信息质量带来了导购效率的提升,其中点击提升 3%,成交转化提升 1.2%,提质的同时帮社会节省了大约 20 万人·日的工作量。

(2)在跨渠道铺货场景中,通过标准 CPV 自动将一个市场商品铺货流通到另一个市场,目前每天完成 120 万+跨平台的商品铺货,累积为社会节省了 20 万人·日的工作量。

(3)在全域比价场景中,基于标准产品进行全域比价,目前能提升成交转化率

1.25％。

（4）在搜索前置导航筛选场景中，基于标准CPV进行导航分发，目前在特价版已全量上线，成交转化率提升0.55％。

5.11　智慧司法一体化平台应用

5.11.1　背景需求

G公司的"法信"平台是为法院承建的智慧法院平台，对司法信息化、数字化、智能化具有标志性的意义。传统的司法流程大量依赖人工来管理司法规范、历史案件等文本信息，这不仅大量耗费人力，且难以对资源进行有效、全面的利用。因此，基于标准知识图谱的智慧法院具有重大意义，智慧法院一体化解决方案构架如图5.103所示。

5.11.2　应用场景及挑战

司法规范数量众多，并且不断更新迭代。在判案中，经年累月的历史案件起着重要作用，法官往往需要参考历史案件信息以做出尽可能公正的裁决。随着数据的海量增长，依靠人工的旧平台存在的问题逐渐显现，已不能适应当前执法规范化建设的要求。主要体现在系统操作繁琐冗杂、传统的数据处理和应用方式无法更好地消化日益积累的海量执法数据、历史案件信息不能得到有效利用等方面。

基于上述问题，在司法方面，基于标准规范的知识图谱可以将司法领域标准规范进行数字化、结构化，构建司法领域的标准知识图谱，建立复杂的司法大规模知识关联关系网络，应用在类案推送、智能问答、企业司法风险分析、民案卷宗程序性审查及案情推理和可视化（类案胜算分析、刑事案情推理、案情当事人关系可视化、案情摘要时序呈现、证据逻辑可视化）等方面，帮助司法流程更高效、公正、智能化。

对法律文件和司法标准进行结构化是构建司法标准知识图谱的关键步骤。法信平台通过对不同的业务维度和业务要素运用不同的提取方法来实现法律文件和司法标准的智能结构化，司法标准、文书、法律法规知识图谱平台schema如图5.104～图5.106所示。

业务维度采用文本解析技术生成，数据存储结构为维度—属性—值，每一层级均可按照名称调取字段，以主刑为例，属性包含刑种，刑种的值包含管制、拘役、有期徒刑、无期徒刑、死刑。业务维度覆盖司法裁判文书、司法前置文书、合同、高校制度、标准规章等规范性文件约45类文本类型。

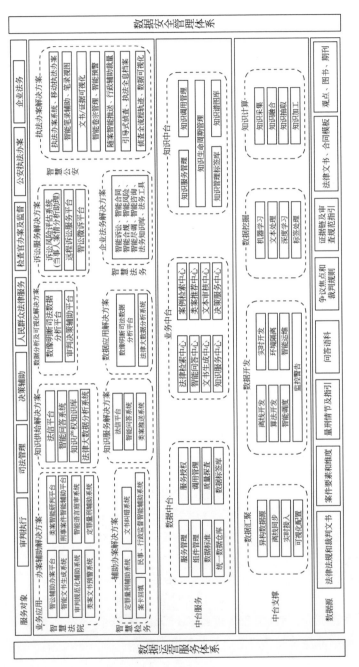

图 5.103　智慧法院一体化解决方案构架

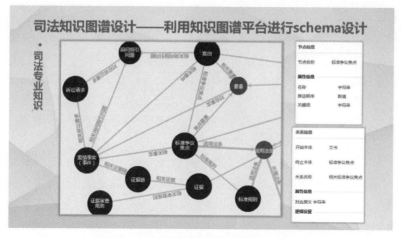

图 5.104　司法专业知识图谱平台 schema

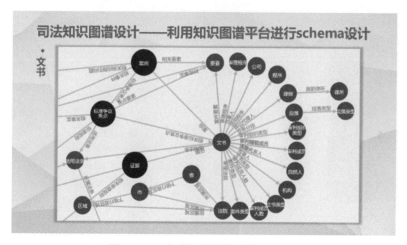

图 5.105　文书知识图谱平台 schema

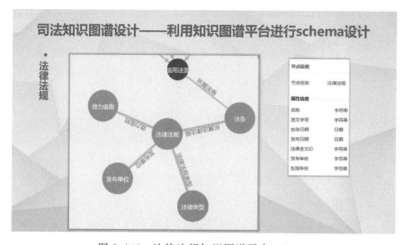

图 5.106　法律法规知识图谱平台 schema

业务要素是体现业务特征性信息的一种形式。对于不同行业,业务要素分类有所不同。在构建司法领域标准知识图谱的过程中,标准等要素作为业务域基本属性,可以从不同视角进行要素体系搭建。根据案件类型,在司法体系中,要素分为民事要素体系、刑事要素体系、行政要素体系和知产要素体系。按照要素实现方式,分为规则要素、模型要素。规则要素通过信息抽取的方法,利用文本解析技术实现要素化;模型要素通过抽样样本打标,利用机器学习的方法,打磨算法模型实现要素标签化。平台主要利用词性标注、分词、句法分析等技术方法。词性标注指判定给定句子中每个词的词性,是句法分析和语义分析的基础;句法分析遵循语法体系,根据体系的语法确定语法树的表示形式、依存句法关系,分析语言单位成分和关系以解释其句法结构。对非结构化文本抽取特定实体,并依据业务需求识别更多类别的实体。依靠上述技术可实现业务维度和业务要素的自动提取。本体管理界面如图 5.107 所示。

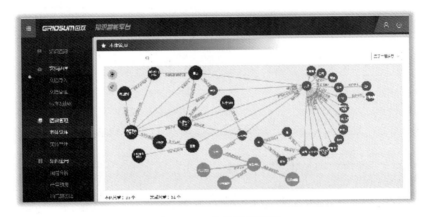

图 5.107　本体管理界面

类案预警系统运用自然语言处理、数据挖掘和机器学习等技术,对用户输入的整篇格式化的判决书进行解析;以可视化形式汇集所有的偏离案件,支持多维度交互。精准的要素识别包括自动识别民事案件本案与类案中的案情,判决金额细项等,刑事案件本案与类案中的犯罪主体、罪名、量刑细节等关键要素。提炼分散于类案中的信息,并实现同类聚合、可视化比对。在司法行业标准知识图谱构建中,标准制定者可以通过对比不同的标准来制定更合理的标准或者填补标准空缺,使用文本解析技术搭配算法模型来对标准的要素进行提取和对比,模型训练完成后可以实现基于司法标准知识图谱的案件要素及维度抽取,类案推送功能如图 5.108 所示。在类似案件检索、推送过程中,结合运用了全篇要素的对比、个别段落要素匹配度对比、文本相似度对比来实现精准的类案推送和检索功能,类案要素展示界面如图 5.109 所示。

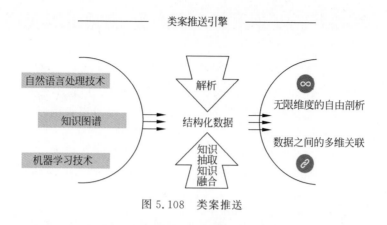

图 5.108　类案推送

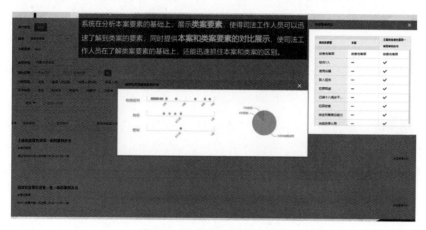

图 5.109　类案要素展示界面

5.11.3　场景意义

通过建设智慧法院系统,已逐步实现为更多法官提供全方位审判知识服务。首先,基于标准知识图谱在司法知识汇聚方面的天然优势,法律工作者信息检索的效率提升 10 倍以上。其次,得益于知识图谱能够便捷地沉淀各类隐性、显性知识,知识沉淀效率能得到数倍以上的提升。而知识图谱平台拥有完整的图谱构建、模型构建工具链,进一步加速了知识沉淀。另外,知识图谱平台还改变了传统的知识构建与应用方式,可以形成知识的共筹共建。既能统一标准,又能满足个性化需求,能够自动提供各地类似案件裁判结果,既让法官运用好以往工作中的经验,掌握更权威的司法标准知识,统一裁判尺度,防止出现类案不同判问题,又让当事人对裁判结果形成理性预期,显著提升了司法公信力。

5.12 金融标准知识图谱在风险防控领域的应用

5.12.1 背景需求

金融风险防控领域的标准信息服务普遍存在效率低、信息不对称、时效性差、成本高等问题，导致相关服务无法有效深入标准内部，且难以表达标准的内在技术联系。同时，金融行业的海量数据不仅来源不同，且格式不一：如征信数据、监管数据、舆情数据通常是半结构化及非结构化数据，而金融机构内部也同时存在着大量结构化和非结构化数据，以上种种因素都对多源异构数据的处理与融合带来极大挑战，难以为用户提供语义化的、多维度的标准知识服务。

随着人工智能技术的发展和应用，知识图谱技术应运而生，目前已在国内外各领域有着广泛的研究基础和应用实践。本章案例项目利用知识图谱技术，在现有风控体系的基础上建立新一代金融行业风控体系应用平台，构建高质量个体标准数字化知识图谱，挖掘数据之间的复杂关系，为风险防控提供数据支撑和辅助分析决策，进而实现金融行业数字化风控。

5.12.2 应用场景及挑战

围绕当前金融行业面临的需求痛点，应用知识图谱技术，依据金融行业相关国家标准、行业标准定义的行业知识体系构建金融领域标准图谱，根据标准图谱，对来自工商、监管、征信等的外部数据源及银行内部的结构化、半结构化、非结构化数据进行标准化处理，同时依据标准图谱定义的行业知识及其关联关系对标准化数据构建金融领域知识图谱，为金融风控提供数据支撑及辅助分析决策。以商业银行为例，基于知识图谱建立新一代风险预警与管理平台，其逻辑架构如图 5.110 所示。

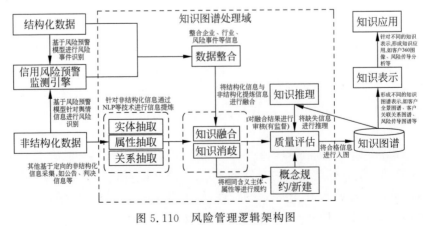

图 5.110 风险管理逻辑架构图

　　本案例使用的标准图谱属于个体标准数字化知识图谱,主要基于金融行业标准对每个标准进行解构,构建对应的标准图谱。使用的标准包括国家市场监督管理总局、中国人民银行、中国银行保险监督管理委员会等国家监管机构发布的金融行业数据相关的国家标准和行业标准(表 5.4 为使用到的相关标准规范)。针对标准的处理,使用 OCR 技术实现对文本中的标题、段落、图表内容标签处理,建立层级关系,使用 NLP 技术完成对语句的实体识别、关系抽取、属性抽取,然后结合专家规则建立图谱模型,实体包括数据的多级种类,属性为每种数据种类的具体数据项,关系为不同数据种类的关联关系,再将抽取的知识进行融合并存储于图数据库中。图 5.111 为根据国家标准《企业信用监管档案数据项规范》构建的企业信用信息标准图谱示例,图 5.112 为根据《银行业金融机构监管数据标准化规范》构建的客户信息标准图谱示例,图 5.113 为根据《基于文本数据的金融风险防控要求》构建的信息抽取标准框架。

表 5.4　相关标准规范

国家标准	GB/T 40478—2021《企业信用监管档案数据项规范》
	GB/T 31287—2014《全国组织机构代码应用　标识规范》
	GB/T 41462—2022《基于文本数据的金融风险防控要求》
行业标准	《银行业金融机构监管数据标准化规范》
	Q/PBCCRC 1.1—2016《人民银行征信系统标准 数据采集规范 通用要求》
	JR/T 0223—2021《金融数据安全　数据生命周期安全规范》

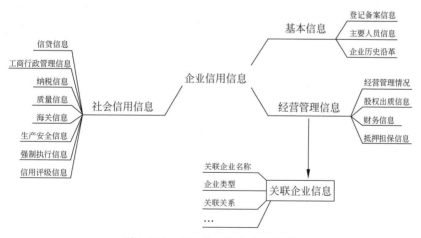

图 5.111　企业信用信息标准图谱

　　基于标准知识图谱,融合风险管理的发展理念,建立新一代风险预警与分析平台,如图 5.114 所示,通过风险识别、风险监测、风险评估、风险控制实现全业务协同、全要素管控、全过程覆盖的管理精细化、过程可视化的知识构建及知识获取平台,结合 NLP、OCR 等技术,对来自外部银行、银保监会、数据提供商等的数据源及

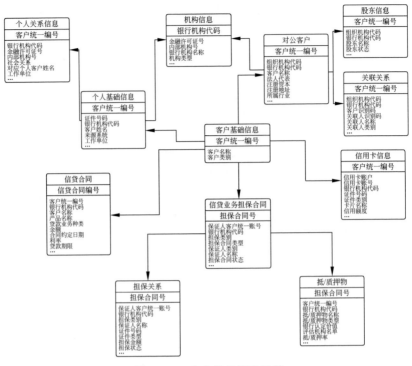

图 5.112 客户信息标准图谱

来自银行内部的非结构化、半结构化、结构化等数据进行数据标准化处理、知识建模、知识抽取、知识融合,进一步构建金融领域的企业信息知识图谱,如图 5.115 所示。构建的实体包括集团、企业、个人等,关系包括任职、法人、投资、担保等关联关系,属性包括企业基础信息、财务信息、风险披露信息等。

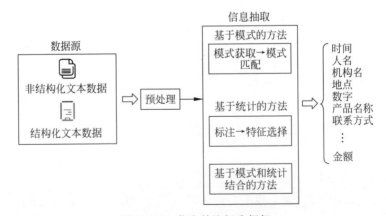

图 5.113 信息抽取标准框架

基于企业信息知识图谱提供的企业属性和关联关系,建立包括企业基础信息、高管、股东、所属集团等信息的企业综合画像,并通过图谱可视化技术提供企业所

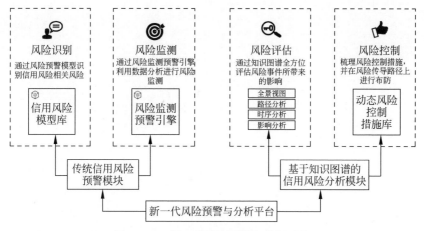

图 5.114 新一代风险预警与分析平台

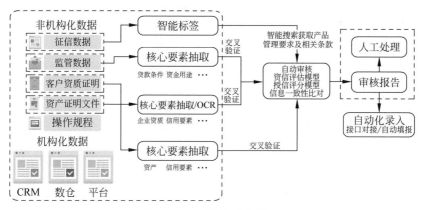

图 5.115 数据标准化处理

属集团组织结构视图、企业股权穿透视图、企业关联关系视图,结合银行内部制定的信贷客户准入规则、风险预警规则、反欺诈规则等内部风控规则,为客户准入、风控模型建立、画像分析、风险预测、反欺诈提供数据和技术支撑。例如,在信贷客户准入场景,基于图谱可视化提供的企业基础信息、股权穿透信息等关联关系视图,自动化收集全方位数据信息,实现模型构建、应用到成果输出。多维度数据分析综合评分如偿债能力分析、经营效率分析、现金流水平分析,为客户经理进行客户调查提供全面、直观的数据展示,有效提升审核效率和准入客户质量,股权穿透视图如图 5.116 所示。在风险预警场景,基于企业信息图谱提供的关联关系,结合具体的银行风控规则,如担保圈、风险传导等,运用图查询和推理快速计算出存在担保闭环的企业及有风险披露企业的上下游多级关联企业,从而针对这些企业做出提前预警,企业关联关系视图如图 5.117 所示。通过对接行内数据、客户相关的行外公开数据及工商、司法、诉讼、财务等数据,对数据风险进行指标化加工,结合借款人授信资料中的内容及维度,对其进行自动化风险识别,智能提示具有风险或潜在风险的地方,如图 5.118 所示,形成风险审查报告。

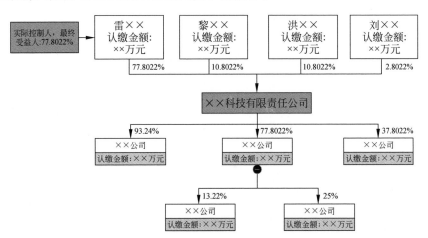

图 5.116　股权穿透视图

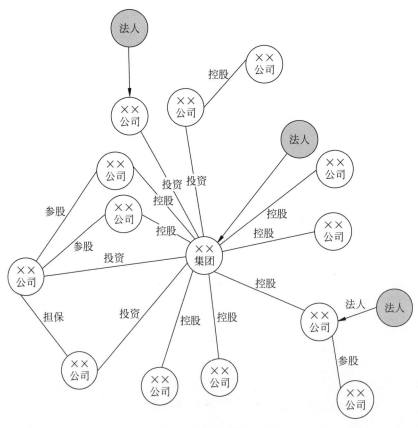

图 5.117　企业关联关系视图

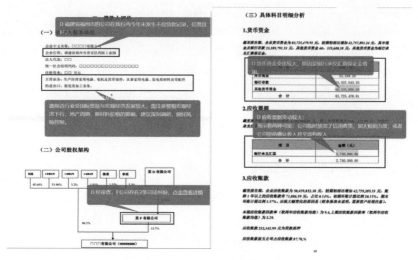

图 5.118　风险提示

5.12.3　场景意义

本案例展示银行标准智能化风控管理平台在金融领域标准知识图谱风险防控的构建和应用,实现知识获取、知识建模、知识存储、知识推理、知识应用、知识创造,构建标准知识图谱的全生命周期过程,通过贷前尽调、贷中核查、贷后管理,完成银行风险管理的数字化闭环控制、分析,为风险防控提供数据支撑和辅助分析决策,进而实现全行级数字化风控。

另外,在数据方面,按照一定的数据标准规范采集、清洗、加工及存储,实现银行内部业务数据的全面集中;统一全行数据出口,为行内的各个业务部门提供统计的数据支持服务,提高数据加工效率满足业务发展需要及监管要求;实现银行历史业务数据长期保存,为全行后续业务发展提供充足的数据分析服务,体现行内业务数据的价值。

标准智能化风控管理平台在银行之外的金融行业的其他领域,如证券、资管、监管等领域都有很好的落地及发展,如在债券发行阶段减少信息纰漏、在评级阶段完善企业价值判断、在交易阶段降低操作性风险和进行违约风险预警,基于知识图谱技术,通过底稿自动解析、自动化内核与质控、自动化评级、财务粉饰分析、操作指令合规检查等 AI 手段,增强金融资产的全周期风险控制。

5.13　船舶标准数字化促进辅助智能设计应用

5.13.1　背景需求

大型豪华邮轮是一种高技术、高附加值、高可靠性船舶产品,被誉为世界造船业"皇冠上的明珠"。建造大型豪华游轮是综合化和集约化的巨大系统工程,在设计模式、建造工艺方面具有典型的跨专业、跨阶段、跨组织、跨区域的特点。在建造过程中,需要数据共享协同、知识共享协同、流程共享协同等,如各专业间的设计变更需要及时共享、联动解决,不同地域的船东、船级社、分包商、供应商需要及时共享信息、协同沟通,建造工艺需要不同专业和岗位人员协同制定。因此,构建知识驱动的大型豪华邮轮智能协同设计体系对邮轮的顺利交付具有至关重要的作用。

5.13.2　应用场景及挑战

大型豪华邮轮设计过程中,由于业务流程复杂、业务对象繁多、业务知识庞杂(标准规范、案例经验、科研成果、工艺知识等)等,会产生海量的碎片化知识,以标准规范为例,知识条目逾万条,且专业涉及技术管理、总体、结构、工法、轮机等,需要进行有效的沉淀、管理,并进一步共享应用。传统的设计过程和模式面临设计数据和知识不一致、重复发明轮子等问题,不能完全满足设计人员知识驱动的协同设计要求。具体到标准规范,由于需要参考的标准规范众多,设计部门也面临着多方面的压力。

为缩短大型豪华邮轮研制时间,设计过程中需要进行多专业、跨地域的协同研发,但由于绝大多数船舶产品研发设计平台缺少将不同专业的设计方案进行集成的能力,一定程度上影响了船舶产品整体设计方案的协调与优化。例如,船厂按照接收到的二维设计图纸进行生产设计,据此构建三维模型并对其进行评审,若评审中发现部分内容需要进行设计变更,则需要返回对二维设计图纸进行更新,设计效率较低,这种状态无论是对设计单位还是船厂来说都是不小的损失,需要根据业务流程、职责划分进行关联,实现设计协同提效。

面向未来大型豪华邮轮智能设计场景,需要将设计知识嵌入船舶产品设计软件中,通过标准操作的捕捉触发获取输入条件,从而实现智能知识的推送。推送的内容是与当前的设计背景和设计任务相匹配的设计要点、校审检查点、标准规范、设计惯例、工艺和相关图纸,相关的或类似设计的船东船检意见,可能出现的常见问题,以及曾出现过的质量案例等内容。其中,关于标准规范的推送,既可以根据设备、模型、部件的属性实现,也可以根据标准规范与专业、船型、船级社的关系来实现,从而在设计过程中可以按专业、船型进行对应标准的推送;在设计要点审核时,则根据设计过程中图纸的校审点,按定义的区域、船型、设计阶段、图纸类型等进行推送。

5.13.3　场景意义

通过将业务流程、软件工具、设计知识等进行封装,研发大型豪华邮轮设计知识图谱与知识服务平台,实现一站式搜索、智能推送等应用功能,并提供基于知识图谱的辅助智能设计、问题定位处置、制度冲突分析、报告自动撰写、变更影响分析等智能知识服务,可以解决大型豪华邮轮设计过程中出现的同类错误、设计信息与数据不畅通及大量邮轮设计隐性知识无法留存等问题。在设计阶段引入标准规范的自动约束,从而大幅提高首制船设计建造效率、缩短周期、降低成本,为形成系列船型批量建造能力打下坚实基础。

5.14　医疗领域标准数字化应用

5.14.1　背景需求

医疗领域标准知识图谱通常将传统标准(国际标准、国家标准、行业标准等)和权威国际医疗领域指南、共识、文献类指导文件同时纳入标准规范库中通盘分析。基于自然语言处理与数据挖掘技术,对仪器、耗材、病种、药物、症状、诊疗技术等信息构建结构化知识描述,涵盖医学标准、临床指南、行业规范、权威指导性文献等信息,提取出实体、关系、属性等知识图谱元素。医疗标准数字化知识图谱具有高度的多源异构和多元指代问题,对数据标准专业性要求高。相比通用领域的知识图谱,在可信赖性、可解释性、可询证性等方面表现出严谨的医疗领域要求。医疗领域常用的术语标准见表5.5。

表 5.5　医疗领域常用的术语标准

名　　称	内　　容
UMLS(Unified Medical Language System)	美国国立医学图书馆开发的医学术语标准,收录词条超过500万条,广泛应用于电子病历、公共卫生、文献挖掘等场景
SNOMED CT(Systematized Nomenclature of Medicine-Clinical Terms)	国际上广为使用的临床医学术语标准,涵盖了疾病、诊断、药物等多个词库,提供全面统一的临床术语概念体系
MeSH(Medical Subject Headings)	美国国立医学图书馆编制的医疗领域主题词表,广泛用于生物医疗领域术语的索引和标记
ICD(International Classification of Diseases)	世界卫生组织制定的国际统一的疾病分类标准,使用编码方式将疾病归类
ATC(Anatomical Therapeutic Chemical)	世界卫生组织制定的药品分类标准,按照解剖、治疗、化学等不同分组将药物分级分类
CMeSH(Chinese MeSH)	中国医学科学院医学信息研究所/图书馆制订的主题词表
CMKB(Clinical Medicine Knowledge Base)	中国医学科学院医学信息研究所/图书馆开发的医学知识数据库,涵盖疾病、药物、检查三个知识库,收录专科疾病知识、疾病检查知识和药物知识,覆盖《国家药典》和《国家基本药物目录》

5.14.2 应用场景及挑战

5.14.2.1 标准知识图谱在医疗领域中的应用场景与挑战

（1）医疗产业链互联互通

以口罩标准为例，新冠疫情防控中广泛使用的医用口罩涉及美国 ASTM F2100—21、欧盟 EN14683、中国 YY/T 0969—2013"一次性医用口罩"、YY 0469—2011"医用外科口罩"、GB 19083—2010"医用防护口罩技术要求"等，各标准对细菌过滤效率（bacterial filtration efficiency，BFE）、颗粒过滤效率（particle filtration efficiency，PFE）及压差的要求不一。医疗器械的生产和销售具备典型的全球化特征，面临各国市场的不同准入要求，开展标准一致性检验时，亟须全面、具体的手段对等级和测试方法等标准要素进行分析，呈现标准的关联性特征。在新冠疫情初期，口罩和防护服等医用防护用具短缺，除医用口罩外，呼吸和劳工防护口罩也被纳入疫情防控中，管理和决策时亟须获取不同类型口罩在防护标准和测试方法上的对应性。标准知识图谱通过构建各类医用产品和服务标准在产品特性、测试方法、应用范围上的关联，有助于推动标准互联互通。

除疫情防控等应急场景外，医疗领域所广泛使用的医疗器械及医用耗材同样存在标准互联互通和全球化产品生产、流通与销售需求。医疗器械通常需配套相应耗材使用，如呼吸机所配套的通气附件和耗材、监护仪所配套的电极等，上述耗材常常由不同厂家在世界范围内生产和流通。借助标准知识图谱，将为国际先进产品和技术走进中国市场提供便利，同时极大地助力国内医疗器械厂家走出国门，打破贸易壁垒。

（2）医疗智能诊疗及医学循证分析

将标准数字化知识图谱应用于医疗领域，一方面是有效推动医疗器械、医用耗材、医疗服务在全球范围内的标准互联互通，打破贸易壁垒，确保医疗质量和安全的重要手段和工具；另一方面，构建涵盖领域内标准、政策和权威专家意见的监管要素关联图谱，是促进人工智能技术在医疗领域高标准、高质量应用的重要前提，知识图谱技术的发展和推广为医学人工智能产品生态的健康发展提供了保障。医疗领域标准规范不仅涵盖通用标准化领域的国际标准、国家标准及行业标准，还包括世界卫生组织、政府和学术共同体所编制的临床指南、诊疗规范、用药预警、不良反应等约束性信息。结合上述标准规范信息的医学知识图谱，将有助于提高医学知识图谱的可信度和准确度，成为奠定医学人工智能广泛和深入应用的重要基石。

作为一门快速发展的学科和应用领域，医学标准规范不仅包含相对格式化和规范化的标准文本，还涵盖高度非结构化和异构的临床指南、专家共识、审批规范。同时，行业内权威文献、主题词表和分类方法等在其他领域通常未纳入标准规范范畴的文件广泛地应用于临床实践中。因此，构建医学标准数字化知识图谱在标准规范获取环节和标准关联融合环节呈现出工作量大、专业度强、严谨度高的特点。另外,医学用语广泛而复杂,往往同一病种、药物在不同场景具有不同命名,同一病种在不同病情条件下的处置手段不一,极大地提高了构建图谱时语义分析和词条融合环节的复杂性。借助 NLP 和知识图谱技术,可以将医学指南等医疗标准知识及相关医疗语料、词库构建动态和静态语义医疗标准图谱,应用于基于医学循证的辅助诊疗及智能随访,如图 5.119 所示。

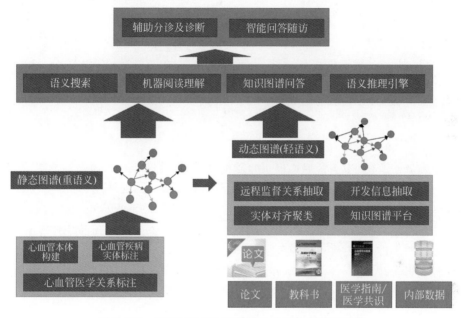

图 5.119　基于医学循证的辅助诊疗及智能随访流程

（3）中药生产质量管理

中药质量标准包括《中华人民共和国药典》和《中华人民共和国卫生部药品标准》等国家标准、省市自治区药品地方标准和 GMP/GAP/GSP 等企业内控标准。这些标准具有权威性、科学性和进展性,是从种子种苗、中药材到饮片、配方颗粒、中成药及仓储物流交易的全产业链质量检测的基石。

如图 5.120 所示,通过将 GMP 等标准报告中的内容进行图谱化,结合"人—机—物—法—料—环—测"的生产数据,通过质量指标对比预警和预测模型,可自动生成质量检测报告,提升药品生产的质量。

（4）标准智能知识服务平台

我国监管体系借鉴了美国等国家在药品监管方面的先进经验,目前我国制药行业想要摆脱低水平的原料药、仿制药的现状,一方面需要企业加大研发资金的投入和加强对药物新作用机制的研究,另一方面国家对创新药物市场化的政策支持需形成从研究开发到上市、产业化的完整政策支持体系。

参考美国的药品标准管理机制,我国监管机构制定了大量的国家药品标准,其

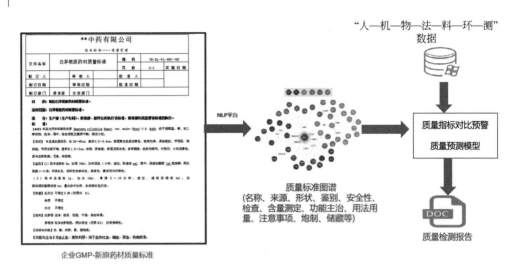

图 5.120　中药生产质量管理流程

中科学标准主要由《中国药典》、部（局）颁标准、注册标准和其他药品标准组成。其内容包括质量指标、检验方法及生产工艺等技术要求。药品注册标准是指国家食品药品监督管理局批准给申请人特定药品的标准。国家注册标准，是指国家食品药品监督管理局批准给申请人特定药品的标准，生产该药品的药品生产企业必须执行该注册标准，但也属于国家药品标准范畴。药品标准是根据药物自身的性质、来源与制备工艺、储存等各个环节制定的，用以检测药品质量是否达到标准的规定。药典标准示例如图 5.121～图 5.124 所示。

目　　录

图 5.121　药典标准示例 1

A 群 C 群脑膜炎球菌多糖结合疫苗 中国药典 2020 年版

A 群 C 群脑膜炎球菌多糖结合疫苗

A Qun C Qun Naomoyanqiujun Duotang Jiehe Yimiao

Group A and Group C Meningococcal Conjugate Vaccine

本品系用 A 群和 C 群脑膜炎奈瑟球菌荚膜多糖抗原，经活化、衍生后与破伤风类毒素蛋白共价结合为多糖蛋白结合物，加入适宜稳定剂后冻干制成。用于预防 A 群和 C 群脑膜炎奈瑟球菌引起的流行性脑脊髓膜炎。

1 基本要求

生产和检定用设施、原材料及辅料、水、器具、动物等应符合"凡例"的有关要求。

2 制造

2.1 菌种

生产用菌种采用 A 群脑膜炎奈瑟球菌 CMCC 29201 (A4) 菌株和 C 群脑膜炎奈瑟球菌 CMCC 29205 (C11) 菌株。

2.2 原液

2.2.1 混合前单价多糖原液

混合前 A 群、C 群脑膜炎奈瑟球菌多糖原液应分别符合"A 群脑膜炎球菌多糖疫苗"中 2.1～2.2 项的规定。原液制备过程中可采用经批准的方法去除细菌内毒素。

2.2.2 多糖原液检定

按 3.1 项进行。

2.2.3 保存及有效期

粗制多糖、精制多糖原液或原粉于－20℃以下保存。自收获杀菌之日起，疫苗总有效期应不超过 60 个月。

2.2.4 多糖活化及衍生

2.2.4.1 将 A 群、C 群多糖分别采用批准的方法进行多糖的活化和衍生。超滤去除活化剂，收集多糖衍

2.2.6.2 结合物纯化

反应物可经超滤或透析进行预处理，采用柱色谱法分别对 A 群多糖蛋白结合物和 C 群多糖蛋白结合物进行纯化，收集 V_0 附近的洗脱液，合并后即为纯化的结合物，除菌过滤后，即为结合物原液。于 2～8℃保存。

2.2.7 结合物原液检定

按 3.3 项进行。

2.2.8 保存及有效期

于 2～8℃保存，保存时间应不超过 3 个月。

2.3 半成品

2.3.1 配制

用适宜稀释剂稀释原液。每 1 次人用剂量含 A 群多糖 10μg、C 群多糖 10μg，可加适量乳糖等。

2.3.2 半成品检定

按 3.4 项进行。

2.4 成品

2.4.1 分批

应符合"生物制品分包装及贮运管理"规定。

2.4.2 分装及冻干

应符合"生物制品分包装及贮运管理"规定。采用适宜条件冻干，冻干过程中制品温度不应高于 30℃，真空或充氮封口。

2.4.3 规格

按标示量复溶后每瓶 0.5ml。每 1 次人用剂量 0.5ml，含 A 群、C 群多糖各 10μg。

2.4.4 包装

应符合"生物制品分包装及贮运管理"规定。

3 检定

3.1 多糖原液检定

3.1.1 鉴别试验

采用免疫双扩散法测定（通则 3403），A 群多糖和 C 群多糖应分别与相应的抗血清产生特异性沉淀线。

3.1.2 化学检定

3.1.2.1 固体总量

图 5.122 药典标准示例 2

中国药典 2020 年版　　　　　　　　　　　　　　　　　　　A 群 C 群脑膜炎球菌多糖结合疫苗

800mg/g（通则 3102）。

3.1.2.7　多糖分子大小分布测定

A 群、C 群多糖分子的 K_D 值均应不高于 0.40。K_D 值小于 0.5 的洗脱液多糖回收率；A 群多糖应大于 76%，C 群多糖应大于 80%（通则 3419）。

3.1.2.8　苯酚残留量

A 群、C 群多糖苯酚残留量均应不高于 6.0mg/g（通则 3113）。

3.1.3　无菌检查

依法检查（通则 1101），应符合规定。

3.1.4　细菌内毒素检查

依法检查（通则 1143），A 群、C 群多糖均应不高于 25EU/μg。

3.2　多糖衍生物检定

衍化率

依法测定（通则 3118），应符合批准的要求。

3.3　结合物原液检定

3.3.1　鉴别试验

应用免疫双扩散法（通则 3403）测定。多糖-破伤风类毒素结合物应分别与 A 群脑膜炎奈瑟球菌抗血清、C 群脑膜炎奈瑟球菌抗血清、破伤风抗毒素产生特异性沉淀线。

3.3.2　化学检定

3.3.2.1　多糖含量

A 群多糖含量应不低于 50μg/ml（通则 3103）。C 群多糖含量应不低于 50μg/ml（通则 3102）。

3.3.2.2　蛋白质含量

A 群多糖结合物中蛋白质含量应不低于 55μg/ml；C 群多糖结合物中蛋白质含量应不低于 33μg/ml（通则 0731 第二法）。

3.3.2.3　多糖与蛋白质比值

应符合批准的要求。

3.3.2.4　游离多糖含量

A 群：采用冷苯酚将结合物原液中与蛋白质结合的

回收率均应大于 60%（通则 3419）。

3.3.2.7　碳二亚胺残留量

应不高于 5μmol/L（通则 3206）。

3.3.2.8　氰化物残留量

应不高于 5ng/mg（通则 0806）。

3.3.3　无菌检查

依法检查（通则 1101），应符合规定。

3.4　半成品检定

无菌检查

依法检查（通则 1101），应符合规定。

3.5　成品检定

除水分、多糖含量、游离多糖含量测定外，按制品标示量加入所附疫苗稀释剂复溶后进行各项检定。

3.5.1　鉴别试验

采用免疫双扩散法测定（通则 3403），应分别与 A 群、C 群多糖抗血清及破伤风抗毒素产生特异性沉淀线。

3.5.2　物理检查

3.5.2.1　外观

应为白色疏松体，加入所附疫苗稀释剂后迅速溶解，溶液应澄清无异物。

3.5.2.2　装量差异

依法检查（通则 0102），应符合规定。

3.5.3　化学检定

3.5.3.1　水分

应不高于 3.0%（通则 0832）。

3.5.3.2　pH 值

依法测定（通则 0631），应符合批准的要求。

3.5.3.3　渗透压摩尔浓度

依法测定（通则 0632），应符合批准的要求。

3.5.3.4　多糖含量

多糖测定磷含量（通则 3103），计算 A 群多糖含量。依法测定唾液酸含量（通则 3102），以 N-乙酰神经氨酸作对照品，计算 C 群多糖含量。每 1 次人用剂量含 A 群

图 5.123　药典标准示例 3

YY/T 1633—2019

一次性使用医用防护鞋套

1　范围

本标准规定了一次性使用医用防护鞋套的技术要求、试验方法、标志、使用说明及包装和贮存。

本标准适用于医务人员、疾控和防疫等工作人员在室内接触血液、体液、分泌物、排泄物、呕吐物等有潜在感染性污染物时所使用的一次性使用医用防护鞋套（以下简称防护鞋套）。限次使用的医用防护鞋套可参考本标准。

本标准不适用于非防护用一次性使用医用鞋套。

2　规范性引用文件

下列文件对于本文件的应用是必不可少的。凡是注日期的引用文件，仅注日期的版本适用于本文件。凡是不注日期的引用文件，其最新版本（包括所有的修改单）适用于本文件。

GB/T 3923.1—2013　纺织品　织物拉伸性能　第 1 部分：断裂强力和断裂伸长率的测定（条样法）

GB/T 4744　纺织品　防水性能的检测和评价　静水压法

GB/T 4745　纺织品　防水性能的检测和评价　沾水法

GB/T 14233.1—2008　医用输液、输血、注射器具检验方法　第 1 部分：化学分析方法

GB 15979—2002　一次性使用卫生用品卫生标准

GB 19082—2009　医用一次性防护服技术要求

中华人民共和国药典　四部（2015 年版）

3　术语和定义

下列术语和定义适用于本文件。

3.1

一次性使用医用防护鞋套　single-use medical protective overboot

用于保护医务人员、疾控和防疫等工作人员的足部和腿部，防止直接接触有潜在感染性污染物的一类鞋状保护物。

4　技术要求

4.1　结构与规格

4.1.1　防护鞋套的尺寸设计应能覆盖使用者的足部和腿部，其规格尺寸应符合标识的设计尺寸。允差：±10%。

4.1.2　防护鞋套的典型结构标识（例见图 1）。

4.1.3　防护鞋套宜设计成有束口的形式，可采用绑带式收口、拉绳收口或捆带等收口方式。

4.2　外观

4.2.1　防护鞋套应无霉斑，表面不允许有杂质、裂缝、破损等缺陷。

4.3.5　断裂伸长率

防护鞋套材料的断裂伸长率应不小于 15%。

4.3.6　过滤效率

防护鞋套材料及成品接缝处对非油性颗粒的过滤效率均应不小于 70%。

4.4　微生物指标

4.4.1　非灭菌防护鞋套的微生物指标应符合表 2 的要求。

表 2　防护鞋套微生物指标

细菌菌落总数 CFU/g	大肠菌群	绿脓杆菌	金黄色葡萄球菌	溶血性链球菌	真菌菌落总数 CFU/g
≤200	不得检出	不得检出	不得检出	不得检出	≤100

4.4.2　包装上标志有"灭菌"或"无菌"字样或图示的防护鞋套应无菌。

4.5　环氧乙烷残留量

经环氧乙烷灭菌的防护鞋套，其环氧乙烷残留量应不超过 10μg/g。

5　试验方法

5.1　结构与规格

5.1.1　取样品 3 件。使用通用量具进行测量，结果均应符合 4.1.1 的要求。

5.1.2　取样品 3 件。目视检查，结果应符合 4.1.2 的要求。

5.1.3　取样品 3 件。目视检查，结果均应符合 4.1.3 的要求。

图 5.124　药典标准示例 4

这些药品标准的主要内容包括药品质量的指标、检验方法及生产工艺等技术要求。政府在对药品的生产、流通、使用过程实施管理时必须以药品标准作为技术标准,以确保各环节的操作具有严肃性、权威性、公正性和可靠性。除了科学标准,我国也正在进行药物管理法律法规标准的改革,出台了新的药品管理法,药物一致性评价已经全面展开,同时开启了新版药典的编辑,我们自己的"橙皮书""专利衔接"制度也在规划中。

因为涉及的药品及医疗器械种类繁多,且我国药品行业处于快速发展阶段,各种标准和法律法规层出不穷,我国实际的药品标准规范体系是一个规模庞大但内容重复、重叠、冲突频发的结构,很难在现有标准体系中快速准确地定位某一具体领域的规则群,而这对监管机关制定及执行标准和法规,以及医药企业的合规质量管理活动、开展相关活动等都造成了很大的阻碍,甚至易引发质量问题和合规法律风险。

综合来看,我国大部分的药品标准及法规还仅仅是以文本的形式存在于简单的检索系统和知识库中,未能真正发挥标准及法规对医药行业合规的作用,和美国的监管标准机制和系统智能化应用的差距也正是我国当前强调药品监管科学的背景之一,我国还未出现具备影响力的药品标准及法规智能化、图谱化的整体解决方案。因此,从监管机关制定、执行标准规范及医药企业合规管理、医疗机构和患者安全有效使用药品的角度,我国药品监管行业标准及法规体系实现科学化、系统化、智能化、图谱化是完善和提高药品监管水平和药企全生命周期合规能力,从而提升药品的质量和安全有效性的重要前提。

通过更加结构化、图谱语义化的医药标准术语体系和法规的智能知识服务平台,为主要用户提供统一知识发现平台,辅助药物质量审核监管和合规要求及药物警戒等方面的应用,保证药物安全有效。主要面向的场景有:

(1)监管机构。辅助监管审核人员进行药品标准知识的快速获取及标准的制定,针对质量评估及一致性评价,提升药品的质量。在临床上替代原研药,节约医疗费用,提高制药行业的整体水平,保证公众用药安全有效。

(2)医药企业。提高从药品的研发设计到生产制造、存储流通全流程的质量管控和合规要求。对于仿制药生产企业,提升一致性评价的评估能力及药品不良事件的监控,减少药品安全问题。对于药品出海的企业,可以智能对比国内和国外药品监管标准政策要求,提升药物国际化合规的能力。

(3)医疗机构。提高药品采购和使用过程中的合规要求,以及药品不良事件的自动识别监控上报等。

主要数据源有:①《中国药典》和国内外的政府监管法规等;②ICH人用药评估手册等;③标准术语体系;④企业内部药物研发及临床实验数据。

技术架构如图5.125所示。

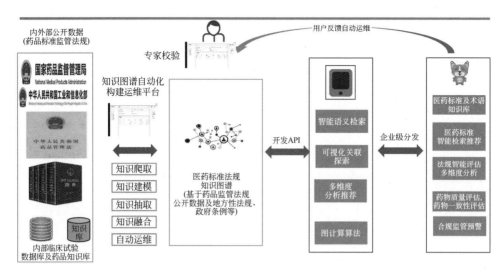

图 5.125　技术架构

主要过程如下：

（1）全面采集、系统梳理我国医药标准，包括科学标准《中国药典》和监管法规等，对知识进行本体建模并对数据源进行结构化抽取。

（2）对标准及法规体系展开二次筛选，剔除失效标准和法规，显示冲突、矛盾、重叠、重复等特殊类型，标准法规专家对特殊类型进行整理并提供解决思路。同时对标准和法律法规进行框架和内容结构化解析，建立知识图谱语义模型。

如图 5.126 所示，针对标准和法规中的知识进行抽取及语义建模。比如通过"同时废止""终止"及相关联的时间等关键字，剔除失效法规等。

第九章　附则

第八十四条　本条例所称实验研究是指以医疗、科学研究或者教学为目的的临床前药物研究。

经批准可以开展与计划生育有关的临床医疗服务的计划生育技术服务机构需要使用麻醉药品和精神药品的，依照本条例有关医疗机构使用麻醉药品和精神药品的规定执行。

第八十五条　麻醉药品目录中的罂粟壳只能用于中药饮片和中成药的生产以及医疗配方使用。具体管理办法由国务院药品监督管理部门另行制定。

第八十六条　生产含麻醉药品的复方制剂，需要购进、储存、使用麻醉药品原料药的，应当遵守本条例有关麻醉药品管理的规定。

第八十七条　军队医疗机构麻醉药品和精神药品的供应、使用，由国务院药品监督管理部门会同中国人民解放军总后勤部依据本条例制定具体管理办法。

第八十八条　对动物用麻醉药品和精神药品的管理，由国务院兽医主管部门会同国务院药品监督管理部门依据本条例制定具体管理办法。

第八十九条　本条例自 2005年11月1日 起施行。 1987年11月28日 国务院发布的《 麻醉药品管理办法 》和1988年12月27日国务院发布的《精神药品管理办法》同时 废止 。

图 5.126　医药标准示例

如图 5.127 所示,针对标准及法规当中具体涉及的信息进行标注和自动抽取。

麻醉药品和精神药品管理条例

(2005年8月3日中华人民共和国国务院令第442号公布 根据2013年12月7日《国务院关于修改部分行政法规的决定》第一次修订 根据2016年2月6日《国务院关于修改部分行政法规的决定》第二次修订)

第一章 总则

第一条 为加强麻醉药品和精神药品的管理,保证麻醉药品和精神药品的合法、安全、合理使用,防止流入非法渠道,根据药品管理法和其他有关法律的规定,制定本条例。

第二条 麻醉药品药用原植物的种植,麻醉药品和精神药品的实验研究、生产、经营、使用、储存、运输等活动以及监督管理,适用本条例。

麻醉药品和精神药品的进出口依照有关法律的规定办理。

第三条 本条例所称麻醉药品和精神药品,是指列入麻醉药品目录、精神药品目录(以下称目录)的药品和其他物质。精神药品分为第一类精神药品和第二类精神药品。

目录由国务院药品监督管理部门会同国务院公安部门、国务院卫生主管部门制定、调整并公布。

上市销售但尚未列入目录的药品和其他物质或者第二类精神药品发生滥用,已经造成或者可能造成严重社会危害的,国务院药品监督管理部门会同国务院公安部门、国务院卫生主管部门应当及时将该药品和该物质列入目录或者将该第二类精神药品调整为第一类精神药品。

图 5.127 麻醉药品和精神药品管理条例示例

(3)构建不同维度下的标准及法规全体系并实时更新。结合标准案例和术语体系,与规范体系和合规体系匹配形成智能知识库。

(4)根据药品全生命周期的不同环节中的具体流程构建标准及规范体系。为医药企业提供标准和监管法规智能知识发现产品及嵌入医药企业全生命周期环节、不同场景的标准质量管理和法规合规风险提示。

5.14.2.2 医疗领域相关的知识图谱

(1)涵盖医学标准规范信息的知识图谱

CMeKG:中文医学知识图谱(Chinese medical knowledge graph),是北京大学、郑州大学和鹏城实验室联合研制的大规模、高质量的医学知识基础集,融入了国内外权威的医学标准与临床指南信息,提供百万条医学关系实例和三元组信息,为辅助诊疗、健康管理、风险预测等智慧医疗领域奠定了知识基础。

HiTA:汇知医学知识图谱,是开放医疗与健康联盟(Open Medical and Healthcare Alliance,OMAHA)发起的医学知识图谱协作项目。该项目依托浙江数字医疗卫生技术研究院,联合行业企业、学术和医疗机构,共同构建起中文医学知识图谱,包括诊疗规范、临床指南、临床路径、医学教材、药品说明书和中国药典等医学资源,提供可视化搜索、医学文本标注功能。

(2)面向基础和临床研究的知识图谱

中医医案知识图谱:中国中医科学院中医药信息研究所建立的涵盖疾病、症候、症状、方剂、中药等中医核心概念的中医临床知识图谱。

脑科学关联知识图谱：中国科学院自动化研究所构建的脑科学领域关联知识图谱，涵盖多尺度的脑结构（脑区、神经元、蛋白质、基因、神经递质）与各种认知功能、脑疾病之间的关联关系。

（3）场景意义

医疗领域标准规范不仅涵盖通用标准化领域的国际标准、国家标准及行业标准，还包括世界卫生组织、政府和学术共同体所编制的临床指南、诊疗规范、用药预警、不良反应等约束性信息。结合上述标准规范信息的医学知识图谱，将有助于提高医学知识图谱的可信度和准确度，成为奠定医学人工智能广泛和深入应用的重要基石。

5.15　财税领域标准数字化知识图谱应用

5.15.1　背景需求

构建财税标准知识图谱是一项基础性的工作，在企业的财务、税务等相关环节，由于涉及大量专业文档的处理，并对处理精度有极高的要求，知识图谱能够发挥重要的作用。从国际标准、国家标准、行业标准、地方标准、团体标准、企业标准等23万条财税标准规范数据源中获得数据自动构建的财税标准知识图谱，可协助企业相关人员理解财税领域标准，提供财税相关人员智能搜索服务，对企业的发展起到重要作用。

5.15.2　应用场景及挑战

本系统是基于 ERP 客户服务知识图谱的智能搜索方法及计算机设备，客户服务知识图谱的智能搜索方法包括：接收搜索字符串，解析搜索字符串的搜索信息；判断搜索信息是否在知识图谱的知识范围内，当判断结果为是时，在知识图谱中匹配搜索信息所对应的知识条目；显示知识条目。根据搜索字符串中的搜索信息，基于知识图谱计算和匹配对应的知识条目，再将搜索到的相关知识条目予以显示，从而实现智能搜索服务，图 5.128 为智能搜索服务流程。

图 5.129 为构建财税标准知识图谱流程，数据源为财税标准文件，采取 pipeline 的方式，基于深度学习的方法抽取三元组，首先进行命名实体识别，然后抽取关系及属性。通过对知识图谱进行知识表达，得到向量化的表示，以使知识图谱中的实体消除歧义及构建过程中的实体融合。进行实体链接，最后进行质量评估及更新，以使构建的标准知识图谱链接到更大规模的知识图谱上。

图 5.130 为《财经信息技术　会计核算软件数据接口》标准部分知识图谱的可视化。

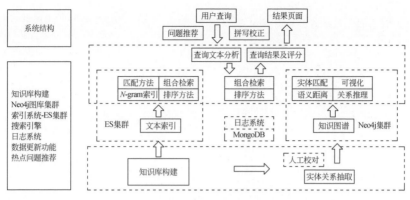

图 5.128 智能搜索流程

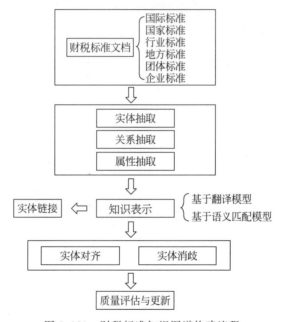

图 5.129 财税标准知识图谱构建流程

5.15.3 场景意义

相比于传统的关键词检索,基于 ERP 客户服务知识图谱的智能搜索方法首次提取知识,并转化成图结构。其中,图中节点代表实体,图中边代表两个实体间的关系。采用图结构的知识图谱支持语义搜索,实现智能搜索服务,可以准确、快速地将与搜索信息相关的知识作为搜索结果提供给用户,从而提高客户服务效率,为企业带来巨大的经济效益。

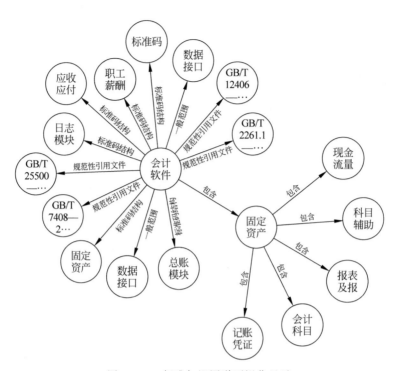

图 5.130 标准知识图谱可视化显示

5.16 产业链标准大数据知识图谱应用

5.16.1 背景需求

目前的产业链供应链研究工作中,产业图谱多由人工绘制,将市场上的几家龙头企业、上市公司关联到产业环节上。人工构建的产业图谱存在企业数量少、无法概览市场全貌的问题,限制了产业研究与应用的范围与效果。另外,数据领域的企业通过大数据方法挖掘企业与产业的关系,主要思路是将产业环节与国民经济行业分类做映射关联,再通过企业工商信息中的行业分类间接建立产业与企业的关系。然而,受限于企业的行业分类与真实业务的不一致性,企业产品标准参差不齐,标准数据无法有效映射,产业链短板分析不够,由此构建的产业链标准图谱数据质量较差,难以满足更多场景应用需求。因此,如何通过技术手段精准识别企业的产业属性,构建企业产品标准图谱,通过标准知识关联找到产品突破方向,成为产业链标准图谱领域的技术难点。

5.16.2 应用场景及挑战

产业知识图谱可广泛应用于产业大数据分析、研究及招商等多种场景。产业知识图谱应用如图 5.131 所示。

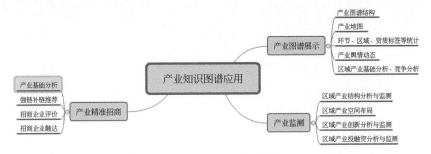

图 5.131　产业知识图谱应用

产业大数据平台为自研的产业数据加工、管理及分析应用平台,基于企业多维度数据,利用大数据手段精准挖掘企业产品词,构建产业知识图谱。企业数据库中收录了企业参与起草的标准规范数据,通过知识抽取技术、知识建模技术抽取标准规范文本中的产品词,建立企业与产品(产业)关联关系。参与标准起草的单位多为相关领域的重点企业,在技术、工艺、市场各方面具有一定主导地位,且参编单位较多。因此通过标准数据建立的产业知识图谱在数据精准度、覆盖度上较传统方法有明显提升,产业-标准知识图谱建设方案如图 5.132 所示。

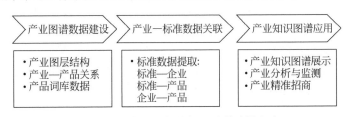

图 5.132　产业—标准知识图谱建设方案

产业图层结构由产业专家研究梳理,将产业内上下游涉及的环节及环节间关系梳理完善,初步形成产业图层结构。产业图层结构确定后需将各环节产品词标准化,并梳理每个环节的产品词(同义词、关键词),形成产业图谱底层数据库表。产业图谱结构确定后,要通过数据模型将标准规范数据中的产品、企业等实体抽取出来,并建立产业—产品—企业关联关系。

5.16.3　场景意义

如表 5.6 所示,企业大数据收录标准规范数据超过 12 万条,标准起草单位超过 11 万家。通过产业大数据平台,以产业专题为单位推荐产业图谱建设,目前已构建产业图谱超过 200 个,建立了 10000 多条产业—企业关系,覆盖企业超过 2 万家。

表 5.6　标准数据库-数据表示例

企　业　id	企　业　名　称	标　准　号	标　准　名　称	发　布　日　期	实　施　日　期
9a27e18b-5170-4ed9-94da-1fd8257d2517	泛亚汽车技术中心有限公司	GB/T 32960.3—2016	电动汽车远程服务与管理系统技术规范　第3部分：通信协议及数据格式	2016-08-29	2016-10-01
6baf844d-e116-44dd-a08e-47b989d63202	上海汽车集团股份有限公司	GB/T 32960.3—2016	电动汽车远程服务与管理系统技术规范　第3部分：通信协议及数据格式	2016-08-29	2016-10-01
1a22f08d-6afa-4acb-9369-c89794d6fcc	浙江吉利汽车研究院有限公司	GB/T 32960.3—2016	电动汽车远程服务与管理系统技术规范　第3部分：通信协议及数据格式	2016-08-29	2016-10-01
86f985f-fc24-405d-b751-a57dff7d9561	国网电力科学研究院	GB/T 32896—2016	电动汽车动力仓总成通信协议	2016-08-29	2017-03-01
e81fc8e8-e73f-4514-b296-66859fb809c5	国家电网公司	GB/T 32896—2016	电动汽车动力仓总成通信协议	2016-08-29	2017-03-01
735c1314-8331-417f-891e-94c77d04a8ee	许继集团有限公司	GB/T 32896—2016	电动汽车动力仓总成通信协议	2016-08-29	2017-03-01
0967c959-6de2-4a05-8b26-44a9c24dd91b	中国电力科学研究院	GB/T 32896—2016	电动汽车动力仓总成通信协议	2016-08-29	2017-03-01
d5b2dd96-fd1a-11e9-9126-00163e121416	中国残疾人联合会	GB/T 32632.2—2016	信息无障碍　第2部分：通信终端设备无障碍设计原则	2016-04-25	2016-12-01
a824555-ce9c-43e2-b230-f008b581e1a5	工业和信息化部电信研究院	GB/T 32632.2—2016	信息无障碍　第2部分：通信终端设备无障碍设计原则	2016-04-25	2016-12-01
89c7b49b-874d-410e-a017-8efa270f324c	武汉邮电科学研究院	GB/T 12357.4—2016	通信用多模光纤　第4部分：A4类多模光纤特性	2016-04-25	2016-11-01
f24dcc9f-2d3f-444f-8dd8-95375b541137	富通集团有限公司	GB/T 12357.4—2016	通信用多模光纤　第4部分：A4类多模光纤特性	2016-04-25	2016-11-01
38a88fc8-f17c-4406-b289-e036d775855f	深圳市中技源专利城有限公司	GB/T 12357.4—2016	通信用多模光纤　第4部分：A4类多模光纤特性	2016-04-25	2016-11-01
9068423-743d-4528-b50b-f75aee08bcf8	江苏永鼎股份有限公司	GB/T 13993.1—2016	通信光缆　第1部分：总则	2016-04-25	2016-11-01

如图5.133~图5.135所示,通过产业大数据平台实现标准数据的关系挖掘、知识构建及数据自动更新等工作,提高了数据分析师、数据产品人员的工作效率,并通过可视化效果降低学习成本。在应用场景中,可根据产业环节追溯相关标准及起草单位,了解行业发展现状、赋能精准招商及拓客。

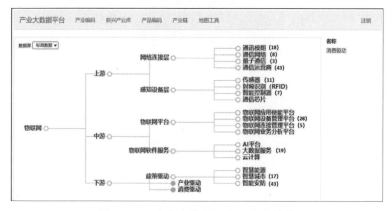

图5.133　产业大数据平台—产业图谱

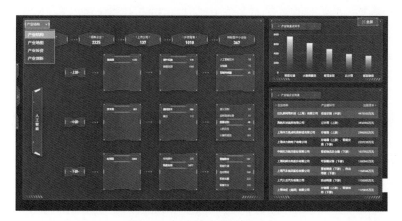

图5.134　产业图谱分析展示平台

图5.135　区域产业监测平台

第 **6** 章

发展与展望

6.1 技术趋势展望

标准规范知识图谱发展势头较好,未来在行业关键技术运用方面实现的突破表现在知识聚集的范围、知识获取的方式和知识应用的便捷性三个层面。与传统知识图谱相比,标准规范知识图谱所涉及的范围更加聚焦和深入,与行业领域结合度更高,对图谱架构实体分类更明确。在构建深层次概念时,相较于标注专家平时易受到主观影响,自动化方法更具优势。标准规范知识图谱的最小知识单元可以是一个标准文件、文件中的一个关键技术内容段落或关键技术指标,也可以拓展到标准与标准之间知识图谱的实体和关系级别,进一步深化细化实现行业领域的标准数字化知识并联图谱网络。

从产业发展趋势来看,标准数字化知识图谱关键技术将呈现更加自动化、智能化的发展态势,标准数据处理技术仍需在以下两方面开展深入研究。一是多模态知识的获取。需要在标准文件和文档中,抽取多种复杂类型的数据(图像、视频、音频等),提供高质量的标准数据,满足系统对标准知识的准确率、有效性和效率的要求;二是多类型标准知识融合。从不同来源得到的标准知识可能存在不统一或者重复,不同语境环境下对同类型知识或者同一个知识点也可能存在不同的表述,所以就必须将不同来源、表述同一实物或概念的各种信息加以融合映射,克服实体名称模糊不清、数据格式不统一等问题。

虚拟现实、数字孪生等信息化技术的发展和应用,对建立标准数字化也将产生深远的影响,未来在某些场景驱动下,将会逐步出现数字形式的新型标准形态,将更为符合现实场景下的行为趋势,从由计算机技术控制建立,发展成通过机器自学习、机器可理解、在人工智能技术支撑下自主建立的大规模标准融合汇聚形成标准数字化知识图谱。

6.2　应用趋势展望

随着新技术的发展,人工智能知识图谱大数据技术不断应用于标准规范文本,在行业领域积累的大量知识与经验进行深度学习挖掘的基础上,将会产生更多贴近产业技术核心的应用场景,解决标准＋行业应用需求问题,形成以"行业提升"为目标的解决方案,实现真正落地的与业务深度融合产生高端价值的方案,进一步实现推动行业高质量发展的目标。

同时,在标准知识图谱切实落地应用的过程中,应遵循标准知识图谱建设与知识应用结合可持续发展的路径。应用场景从简单到复杂,扎实推进,采取由关键技术点到产业应用方向有机结合发展的模式,赋能产学研单位,并最终为产业链、供应链高质量发展贡献一份力量。在应用方面,未来标准数字化知识图谱具有以下特色:

(1) 标准知识图谱市场向杠铃式结构发展

未来的标准知识图谱应用将向大规模自动化构建通用标准知识图谱和在各个行业领域实现标准知识图谱深入应用两个方向发展,呈杠铃式结构发展。

通用标准知识图谱构建技术将在经历人工构建和群体构建后最终演化为自动构建。当前标准知识图谱在构建和落地过程中需要大量的人力成本,尤其是要借助行业内专业技术人员的人工辅助,导致构建成本高、效率低。在之后的发展中,探索的重点应包括模式(schema)自动构建技术、图表示学习与推理技术等。

另外,领域应用呈现出显著的复杂化,标准知识图谱的相关行业领域面临更为复杂的应用场景,需要挖掘高价值链的场景需求,深度融合标准文本中与行业密切相关的知识,从而探索面向复杂决策的知识驱动的智能应用,为企业数字化转型赋能。

(2) 标准知识图谱打破行业间的专业壁垒,形成"标准大脑"

标准知识图谱未来发展将不断提炼标准知识,进行数字化和关系建模,形成多个产业领域标准化先进知识图谱,挖掘不同行业间的关联关系,融合为一张更庞大、更复杂的标准知识图谱关系网,形成标准大数据智能服务平台,贯通各个行业,统一标准图谱行业数据接口,进而形成强大的"标准大脑",深度挖掘标准的数据价值,甄别产业链供应链发展的短板弱项,提出极具竞争力的意见建议和发展措施,强有力地助力产业基础再造、产业基础高级化。

(3) 标准知识图谱让标准内容更开放、更智能

标准知识图谱针对标准文件蕴含的知识进行了挖掘、串联,打破了标准当前较为原始的传播和应用途径,技术人员无须通过对大量标准文件进行全面重复的阅读解析即可让机器实现对关键技术知识的精准获取,同时也可以通过智能推送等方式获得更为精准的知识,甚至可以通过机器建模,直接或间接地对业务过程和产

品设计研发产生影响。

6.3　标准化工作趋势展望

随着众多国内外标准化组织和机构对标准数字化知识图谱的关注和推动,业界持续开展多行业领域的标准化需求研究,以及标准数字化知识图谱的不断发展和应用项目的落地,在制造、医疗、汽车、电子、金融、政务等众多领域,将形成各自标准数字化图谱构建相关方案路径、典型应用框架,同时,在以团体标准项目为突破的前提下,积极申请立项国际标准、国家标准、行业标准,逐步构建符合当前我国标准化体系发展的数字化架构,营造良好的标准数字化知识图谱支撑产业高质量发展氛围。

在标准知识图谱建立阶段,需要利用人工智能、语义分析、多模态识别等技术实现对标准知识内容的提取、识别、分类、关联。为实现标准智能化应用,标准文件的产生需要在数字化的前提下进行,无论是标准的内容、关联引用、前后逻辑都将产生重大变革,可能出现针对标准领域的独特的"编程"语言,标准的编制将更为机器可读、可理解。

伴随数字化技术的发展应用,标准知识图谱中也包含了大量的数据信息,这些数据中有可能涉及企业信息、知识产权等敏感内容,如何对这些内容进行隐私保护、建立相应的安全机制,甚至信息使用的伦理问题,都将是标准知识图谱发展中的新变革和新挑战。

参考文献

覃晓,廖兆琪,施宇,等.知识图谱技术进展及展望[J].广西科学院学报,2020,36(3):242-251.

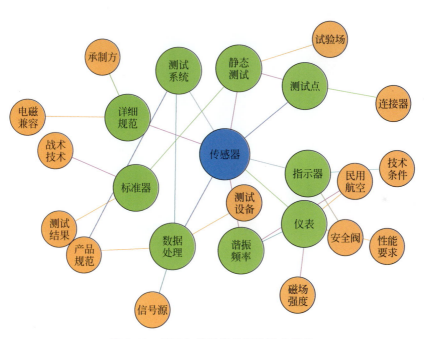

图 5.39　基于知识图谱的标准语义搜索

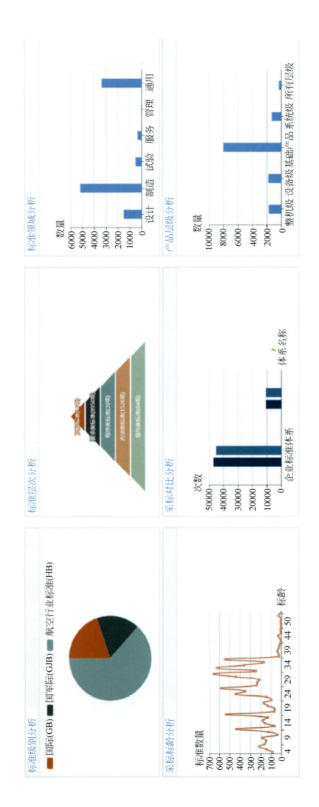

图 5.42　标准知识大数据分析

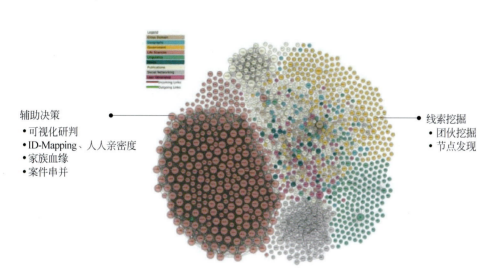

辅助决策
- 可视化研判
- **ID-Mapping、人人亲密度**
- 家族血缘
- 案件串并

线索挖掘
- 团伙挖掘
- 节点发现

图 5.88　ID-Mapping 关系挖掘犯罪线索